招牌茶饮

101

〔韩〕李相旼——著
（金牌茶饮师）

王子衿——译

北京科学技术出版社

카페 Tea 메뉴 101

Copyright © 2019 by LEE SANG MIN

All rights reserved.

Simplified Chinese copyright © 2020 by Beijing Science and Technology Publishing Co., Ltd.

This Simplified Chinese edition was published by arrangement with SUZAKBOOK through Agency Liang

著作权合同登记号　图字：01-2020-1492

图书在版编目（CIP）数据

招牌茶饮 101 /（韩）李相旼著；王子衿译. —北京：北京科学技术出版社，2020.7（2025.1重印）

ISBN 978-7-5714-0892-3

Ⅰ.①招… Ⅱ.①李…②王… Ⅲ.①茶饮料—制作 Ⅳ.① TS275.2

中国版本图书馆 CIP 数据核字（2020）第 068286 号

策划编辑：崔晓燕
责任编辑：崔晓燕
营销编辑：葛冬燕
责任印制：张　良
图文制作：天露霖文化
出 版 人：曾庆宇
出版发行：北京科学技术出版社
社　　址：北京西直门南大街16号
邮政编码：100035
电　　话：0086-10-66135495（总编室）
　　　　　0086-10-66113227（发行部）
网　　址：www.bkydw.cn
印　　刷：北京利丰雅高长城印刷有限公司
开　　本：720 mm×1000 mm　1/16
印　　张：10
版　　次：2020年7月第1版
印　　次：2025年1月第6次印刷
ISBN 978-7-5714-0892-3

定　　价：58.00元

目录

GREEN TEA+VARIATION

第一章

[绿茶 +]

BLACK TEA+VARIATION

第二章
[红茶 +]

HERBAL TEA+VARIATION

第三章
[花草茶 +]

前言

　　茶是具有悠久历史的饮品，人类自公元前就开始饮茶。在古时候，茶曾是权力和财力的象征。随着时间流逝，茶已成为大众化的饮品，并深受普通民众的喜爱。

　　但是，仍然有很多人很难接受茶。有的人一想到茶的众多种类，不知道该如何选择，就敬而远之；有的人顾虑到饮茶需要使用各种各样的茶具，就望而却步，这样的情况比比皆是，所以很多人将茶从自己的饮品清单上除名了。即使人们去咖啡馆，往往更愿意选择咖啡，而不是。咖啡馆的茶饮鲜有人问津，茶饮菜单也成了显示店内饮品种类齐全的摆设。但近年来，人们对茶的看法有所改变，在大大小小的咖啡馆里，风味独特的茶饮唱起了主角。

　　茶饮是用茶做基底，再添加其他材料制作而成的饮品。在亚洲，由于大众饮茶的习惯是用热水浸泡茶叶，且茶汤中不添加其他材料，所以茶饮出现得较晚。而在西方国家，茶饮由来已久，在一篇 1680 年的文献上，已有关于奶茶的记录。19 世纪初，茶商发现冰块的商业价值，将冰块加入茶汤中，制成了冰茶并受到大众欢迎。如今，除了奶茶、冰茶这类传统茶饮之外，人们还在茶汤中添加了果汁、乳制品、气泡水、糖浆等，研发出各种符合现代人口味的新式茶饮。

　　本书共介绍了 101 种茶饮，这里面既有咖啡馆中常见的茶饮品类，也包括了许多创新的茶饮品类。现在，让我们在家享受高品质的茶饮吧。

茶饮的定义

　　茶饮，顾名思义，就是用茶制作的饮品，它是在茶汤中加入其他材料，使茶汤温度发生变化后调制而成的。茶饮的构成尤为简单，其核心就是基底、配料、糖浆和装饰。

装饰

基底

配料

糖浆

茶饮的构成

基底 绿茶·红茶·花草茶

　　茶是茶饮的基底。本书将购买方便、易于制作的绿茶、红茶、花草茶作为茶饮的基底。这三种茶都是大众常饮用的茶，使用它们来制作茶饮，口味不会让人觉得陌生。如果有条件的话，也可以将乌龙茶、白茶、普洱茶等作为基底，制作出来的茶饮口味也不会逊色。

配料 果汁·乳制品·气泡水

　　配料能够影响茶饮的口感。书中主要介绍了果汁、乳制品、气泡水这三种基本的配料。通常果汁用于制作冰茶，乳制品用于制作奶茶，气泡水用于制作气泡茶。掌握好果汁、乳制品、气泡水的特性，就可以调制出口味独特的茶饮。

糖浆 水果糖浆·芳香植物糖浆·香料糖浆

　　糖浆是决定茶饮风味的材料。糖浆的英文名称来源于阿拉伯语"sharab"，意思是饮料。过去，人们很难获得白砂糖，如果想摄取甜味，一般都是将植物或水果熬成汁饮用，这和现在制作糖浆有些相似。当不同品种的糖浆和基底交融在一起，一款款好喝、充满香味的茶饮就诞生了。除了使用原味糖浆外，我们还可以用水果、芳香植物和其他含有香气的材料，制成水果糖浆、芳香植物糖浆和香料糖浆来使用。

装饰 绿茶粉·芳香植物·水果·其他

　　添加装饰是制作茶饮的最后一个步骤，是在基底、配料和糖浆混合完成后进行的。用绿茶粉、芳香植物、水果等装扮饮品，不仅可以让茶饮更加美观，还可以增加人们对茶饮构成的认识。其中，使用香味浓郁的芳香植物做装饰，可以让茶饮闻起来更诱人。

绿茶
红茶
花草茶

茉莉花茶

大吉岭红茶

洋甘菊茶

碧螺春

玫瑰包种红茶

洛神花茶

玄米茶

肉桂味红茶

薰衣草茶

珠茶

葡萄柚味红茶

柠檬草茶

基底
BASE

制作茶饮的基础

＋绿茶

用绿茶做基底时，与其搭配的材料并无太多限制。绿茶的茶汤颜色较浅，因此用其制成的茶饮呈现多种颜色。品尝用绿茶制作的茶饮，能感受到一种绿茶独有的甘醇味。本书介绍的茶饮用绿茶主要以市面上较易购买的单一绿茶和混合绿茶为主，另外还有一些国外品牌的绿茶茶包。

书中用到的绿茶

单一绿茶：碧螺春、珠茶、雀舌茶、绿茶粉等。

混合绿茶：茉莉花茶、玄米茶、蜜桃味绿茶等。

＋红茶

红茶有一种独特的涩味，无论与何种材料搭配，这种涩味都能够被轻易地辨别出来。红茶的茶汤颜色较深，因此，用红茶制成的茶饮较难呈现多种色彩。本书介绍的茶饮用红茶以市面上较易购买的单一红茶和调味红茶为主。品尝用红茶制作的茶饮，你能够充分感受到红茶特殊的香气。

书中用到的红茶

单一红茶：大吉岭红茶、正山小种红茶、锡兰红茶等。

调味红茶：玫瑰包种红茶、肉桂味红茶、葡萄柚味红茶、马可波罗红茶等。

＋花草茶

花草茶的优点是香气温和，不会让人产生抗拒感。为了最大限度地发挥花草茶的这一长处，通常使用单一花草茶来制作茶饮。当然，如果使用混合花草茶来制作，味道也不错。另外，使用香气相近的芳香植物做装饰，还能进一步增加茶饮的香气。

书中用到的花草茶

单一花草茶：洋甘菊茶、洛神花茶、薰衣草茶、柠檬草茶等。

混合花茶茶：综合莓类花果茶、柠檬草生姜茶、路易波士茶、玫瑰果洛神花茶。

果汁
»

青葡萄汁　　　苹果汁　　　蔓越莓汁

其他
»

蓝莓红醋　　　意式浓缩咖啡　　　冰块

气泡水
»

原味气泡水　　　苹果味气泡水　　　葡萄柚味气泡水

气泡茶
»

正山小种红茶气泡茶　　　脆桃芒果柑橘花果茶气泡茶　　　锡兰红茶气泡茶

乳制品
»

牛奶　　　杏仁奶　　　椰奶

配料
INGREDIENT

影响茶饮的口感

＋果汁 & 其他

果汁主要用来制作冰茶。果汁中的果糖和有机酸能够弥补茶所缺失的清爽感。此外，果汁还能让茶饮的味道和香气变得容易被大众接受。葡萄柚、橙子、橘子、柠檬、青柠等可以直接榨汁使用。

书中用到的果汁 & 其他

青葡萄汁、苹果汁、蔓越莓汁、蓝莓红醋、意式浓缩咖啡、冰块等。

＋乳制品

茶汤中加入乳制品，可以使茶饮的口感更为柔和。虽然大多数饮品使用牛奶进行调制，但你也可以用奶油、奶油奶酪等代替牛奶。加入乳脂含量较高的奶油，可以使茶饮的味道变得浓郁。而使用奶酪或含有大量奶油成分的冰激凌，可以让茶饮的口感变得更加柔和。如果对乳制品过敏，可以用豆奶、杏仁奶以及椰奶等进行代替。

书中用到的乳制品

绿茶冰激凌、香草冰激凌、巧克力冰激凌、牛奶、豆奶、杏仁奶、椰奶、无糖酸奶、淡奶油、奶油奶酪等。

＋气泡水

气泡水含二氧化碳，用气泡水制成的茶饮，不仅有清凉的味道，而且还能感受到微微炸裂的口感。书中将会介绍用气泡水制作气泡茶的方法，这种方法能够将茶的醇香充分释放。大家可以根据自己的喜好选择制作茶饮的方法。

书中用到的气泡水

气泡水： 原味气泡水、苹果味气泡水、葡萄柚味气泡水等。

气泡茶： 正山小种红茶气泡茶、百香果柑橘花果茶气泡茶、锡兰红茶气泡茶等。

碳酸饮料： 雪碧、碳酸果汁等。

水果糖浆 & 水果清①	芳香植物糖浆 & 水果汁 & 水果醋	香料糖浆 & 其他
⌄	⌄	⌄

草莓糖浆

薰衣草糖浆

香草糖浆

葡萄柚糖浆

迷迭香糖浆

榛子糖浆

五味子清

青柠汁

草莓果泥

柚子清

菠萝醋

巧克力酱

①水果清是由等量的水果和白砂糖发酵制作而成的。其制作方法为：1. 将水果洗干净，控干水分。2. 将2/3 量的白砂糖和水果搅拌均匀，放入已消毒的玻璃瓶中。3. 将剩余1/3 量的白砂糖放在混合物上面，密封瓶口。4. 室温下，需发酵1~2 天；冷藏室内，需发酵7 天左右。注意：每种水果发酵所需的时间不同。通常，五味子需发酵100 天左右，柚子需发酵30 天左右，柠檬和蓝莓需发酵7 天左右。

糖浆
SYRUP

决定茶饮的风味

+水果糖浆 & 水果清

冰茶和气泡茶适合加入水果糖浆，但奶茶不适合。因为水果糖浆遇热后会释放出大量的有机酸，使整杯饮品的 pH 值降低。一旦这个值小于乳制品中的蛋白质等电点，便会导致蛋白质产生絮凝并沉淀，饮品看起来像是分层了。与糖浆相比，水果清的实用性更强，因为其酸甜共存，能使饮品同时拥有两种口味。另外，它制作起来也会相对简单。

书中用到的水果糖浆 & 水果清

水果糖浆：草莓糖浆、葡萄柚糖浆、蓝莓薰衣草糖浆、黑加仑糖浆、苹果糖浆等。

水果清：五味子清、柚子清、蓝莓清、柠檬清等。

+芳香植物糖浆 & 水果汁 & 水果醋

芳香植物糖浆是选用香气彼此融合的几种芳香植物制成的糖浆。虽然在制作茶饮时可以只加入芳香植物糖浆，但如果与其他多种材料一起使用，效果会更好。特别是在含有水果的饮品中加入芳香植物糖浆后，水果的清新香气中就会带有芳香植物的芬芳，这样能使饮品更具新鲜的口感。除此之外，在奶制饮品中加入芳香植物糖浆，可以为饮品增加清爽的口感。

书中用到的芳香植物糖浆 & 水果汁 & 水果醋

薰衣草糖浆、迷迭香糖浆、青柠汁、菠萝醋。

+香料糖浆 & 其他

香料糖浆是用调味红茶、口感辛辣的香料及各类坚果制成的糖浆。用伯爵红茶及各类调味红茶做成的香料糖浆，多用于用红茶基底制作的饮品中；用香味强烈的辛香料做成的糖浆，尽量不要单独使用，最好用于辅助其他材料。而坚果类糖浆因其格外醇香的特点，特别适合用于乳制品中。

书中用到的香料糖浆 & 其他

香草糖浆、榛子糖浆、草莓果泥、巧克力酱等。

水果 & 草本植物 ⌄　　　芳香植物 ⌄　　　粉末 & 其他 ⌄

草莓片

胡椒薄荷

肉桂

青柠片

百里香

姜黄粉

生姜片

迷迭香

奥利奥饼干粉

橙子皮

玫瑰花瓣

绿茶粉

装饰
GARNISH

提升茶饮的美感

+ 水果 & 草本植物

将水果加入绿茶、红茶、花草茶中做装饰都很合适。柑橘类水果需切片后竖起来放置，而蓝莓、樱桃等可以直接使用，或插在鸡尾酒杯的杯沿上做装饰。

+ 芳香植物

芳香植物是冰茶和气泡茶中常用的装饰物。一般是将芳香植物的叶子放在饮品表面上或放入饮品中。根据叶子大小不同，使用的方法也不同，叶子细小的薄荷类植物要一株一株地使用。使用前，轻轻拍打或摇晃植物，给予植物一定的刺激，可以使其散发出更为浓烈的香气。

+ 粉末 & 其他

如果在制作茶饮时有粉末类的材料剩余，也可以将其用作装饰物。粉末类的装饰物主要是撒在饮品上，但如果撒在杯子侧边或底座上，会产生独特的美学效果。

书中用到的水果 & 草本植物

草莓、青柠、橙子、蔓越莓、青葡萄、芒果、生姜等。

书中用到的芳香植物

胡椒薄荷、百里香、迷迭香、玫瑰花瓣、柠檬草等。

书中用到的粉末 & 其他

姜黄粉、奥利奥饼干粉、绿茶粉、肉桂等。

装饰小窍门

1. 灵活使用饮品中的材料

用饮品中的材料做装饰物，可以突显饮品内外的一致性。

2. 装饰物也是材料的一部分

装饰物不仅能够对茶饮的外观起到装扮作用，还可以作为材料的一部分使用。比如棉花糖和芳香植物，在装点了外观的同时，还可以改变茶饮的口感和香味。

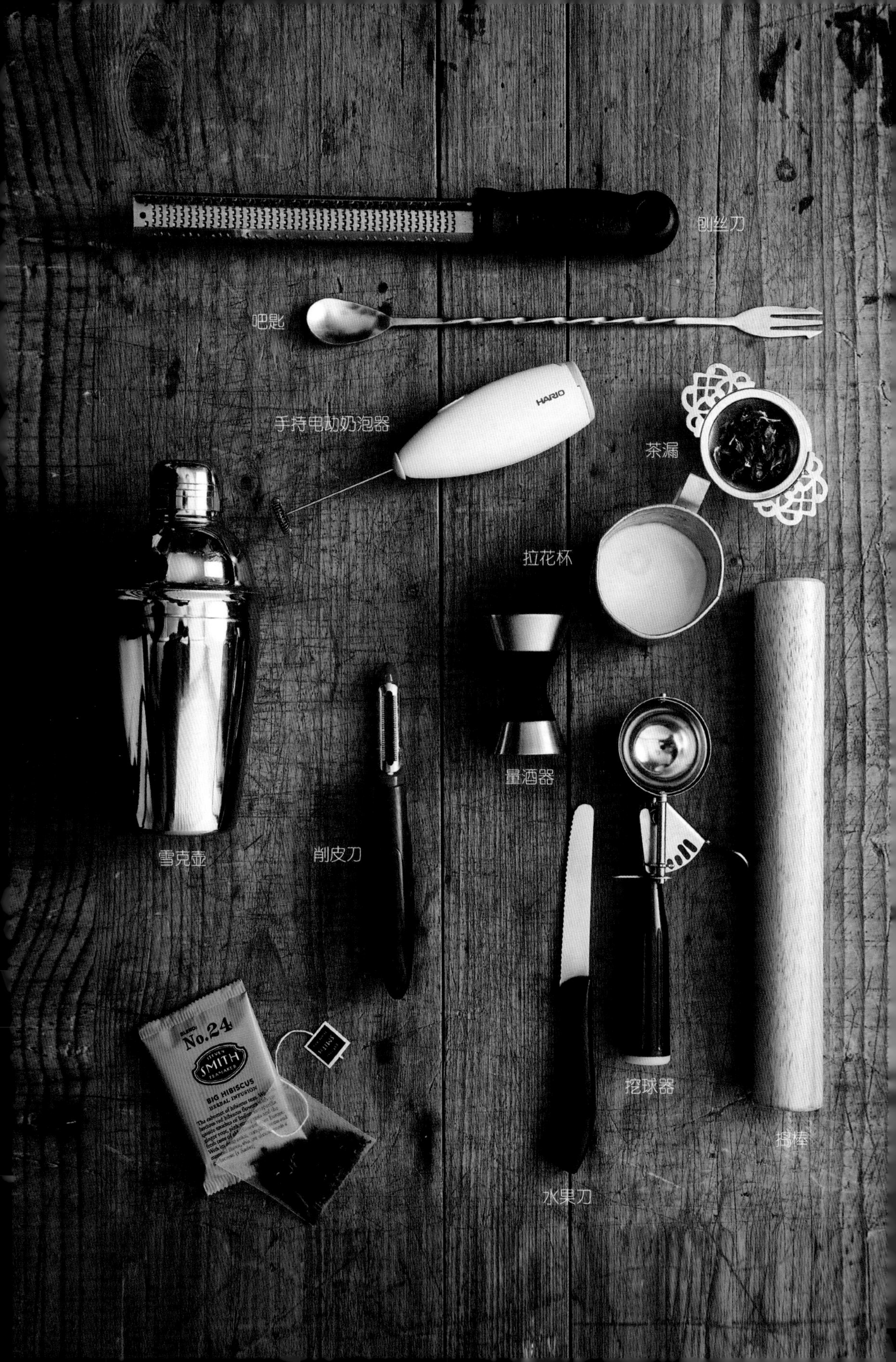
刨丝刀
吧匙
手持电动奶泡器
HARIO
茶漏
拉花杯
雪克壶
量酒器
削皮刀
挖球器
捣棒
水果刀
No.24
SMITH
BIG HIBISCUS
HERBAL INFUSION

工具 & 杯子
TOOLS & GLASS

制作茶饮的器具

STEP1 准备

量勺 计量材料的基础工具。请选择质量好，用起来方便的产品。

量杯 用于计量茶汤或者液体材料。有不锈钢和玻璃等材质，选用便于使用的即可。

量酒器 是一种量杯，用于计量小剂量的材料。可用酒杯（1 杯 =30ml）代替。

水果刀 切水果时使用。

削皮刀 削黄瓜、柑橘类水果的果皮时使用。有 T 字形和一字型两种。

刨丝刀 将巧克力、香辛料、柑橘类水果的皮刨成细丝时使用。

挖球器 有多种形状和尺寸，大的比小的使用起来更方便。

STEP2 泡茶

茶漏 放入要浸泡的茶叶，进行过滤。带有双层滤网的茶漏，过滤茶叶的效果更好。

茶壶 用来泡茶。最好使用壶底为圆形的茶壶泡茶，因为水在进入茶壶的时候，圆形的壶底能让水在壶中产生更好的对流，使泡出来的茶浓淡均匀。

STEP3 制作

捣棒 用来碾压水果和芳香植物，使其香气能够充分散发。截面的面积越大，越能起到充分碾压的作用。

雪克壶 在需要混合饮品时使用。也可用杯口较大的保温杯代替。

牛奶杯 & 拉花杯 用于在微波炉中加热牛奶。

手持电动奶泡器 可以将牛奶打出奶泡的器具，在制作奶泡时使用。可用制作咖啡的法压壶代替。

不锈钢盆 用于打发奶油的容器。不锈钢盆摸起来越凉，越便于打发顺利进行。

搅拌机 制作冰沙或奶昔时使用。可用手动搅拌机或榨汁机代替。

STEP4 饮用

吧匙 一款具有螺旋形勺身的搅拌棒，在搅拌饮料时极为有用。

海波杯 一种玻璃制的保温杯，容量一般为 180 ~ 300ml。主要用来装冰茶。

香槟杯 用来盛装气泡茶。杯口较窄，以延缓碳酸流失。

不倒翁杯 没有手把、底部很平的小杯子，咖啡馆和家中常用。杯子有不同大小，可根据饮品容量的多少选用。

双层玻璃杯 杯壁使用的是双层玻璃，玻璃和玻璃中间有间隔，盛装热茶效果较好。可以透过玻璃看到杯中的饮品。

迷迭香糖浆

蓝莓薰衣草糖浆

生姜糖浆

[糖浆——茶饮的核心材料]

制作 11 种糖浆

草莓糖浆

香草糖浆

伯爵红茶糖浆

01
水果糖浆
FRUIT SYRUP

葡萄柚糖浆 250ml／冷藏 2 周

　　制作好喝的葡萄柚糖浆，关键在于让其香气足够浓烈。葡萄柚的香味不是从果肉中散发出来的，而是来自果皮中的油脂。因此，在制作时，应将葡萄柚的果皮擦成丝，和果肉一起使用。

[葡萄柚 1 个（200g），白砂糖 200g，柠檬汁 200ml]

1. 用刨丝刀将葡萄柚果皮刨成丝，放置在一边备用。

2. 将葡萄柚果肉切成块，放入榨汁机内榨出果汁，然后倒入锅中。

3. 开大火，将白砂糖和柠檬汁倒入锅中，煮沸。

4. 待白砂糖溶化后关火，加入葡萄柚皮丝，搅拌均匀，然后在室温下放置一天。

5. 隔日，用筛网将葡萄柚皮丝滤掉，只保留糖浆，然后将糖浆倒入已消毒的容器内，冷藏保存。

应用 实例	茉莉橙子绿茶 COOL » P37
	柚子绿茶 HOT » P38
	蜂蜜葡萄柚锡兰红茶 COOL&HOT » P81
	葡萄柚约会气泡茶 COOL » P105
	柑橘乐园茶 COOL » P115

1

2

3

4

5

02
水果糖浆
FRUIT SYRUP

苹果糖浆 300ml/ 冷藏 2 周

苹果汁与其他果汁不同，颜色比较浅，因此苹果糖浆一般用来制作颜色比较透明的冰茶。制作时可以用超市售卖的苹果汁。

[100% 纯苹果汁 200ml，白砂糖 50g]

1. 将苹果汁倒入锅中，开大火。

2. 待果汁煮沸后，放入白砂糖。

3. 继续用大火煮，直至白砂糖完全溶化。

4. 转小火，将糖浆熬煮至想要的黏稠度，关火。

5. 将煮好的糖浆在室温下冷却 2 小时以上，然后倒入已消毒的瓶子里，冷藏保存。

应用 实例	迷迭香苹果绿茶 HOT » P39
	肉桂苹果气泡绿茶 COOL » P54
	苹果莓果气泡茶 COOL » P100
	苹果肉桂冰茶 COOL » P102
	洋甘菊苹果茶 COOL » P119
	苹果百里香冰茶 COOL » P145

1
2
3
4
5

03
水果糖浆
FRUIT SYRUP

蓝莓薰衣草糖浆 300ml／冷藏 2 周

　　这款糖浆完美地融合了蓝莓和薰衣草的香味，而且非常适合用于制作颜色别致的茶饮。最好使用冷冻蓝莓制作，其颜色和香气会更容易保留。

[薰衣草茶 1 茶匙（1g），蓝莓 250g，白砂糖 200g，沸水 200ml]

1. 将薰衣草茶和蓝莓倒入锅中。

2. 倒入沸水，让薰衣草茶和蓝莓在室温下浸泡 5 分钟。

3. 开火，用大火煮。

4. 待水煮沸后，放入白砂糖，继续煮 5 分钟。

5. 待白砂糖完全溶化后，关火。在室温下冷却 2 小时以上，然后用筛网滤入已消毒的容器内，冷藏保存。

应用 实例	蓝莓红醋绿茶 COOL » P34
	蓝莓薰衣草气泡茶 COOL » P59
	蓝莓芒果冰茶 COOL » P79
	蓝莓薰衣草摇摇茶 COOL » P123
	蓝莓洛神花奶茶 COOL » P133

1

2

3

4

5

04
水果糖浆
FRUIT SYRUP

草莓糖浆 300ml / 冷藏 2 周

　　草莓因香气浓郁，非常适合制作成糖浆。如果想让草莓的香味更加浓烈，可以制作好糖浆后放入新鲜草莓，让草莓的香甜气味浸入糖浆中。

[草莓 450g，白砂糖 200g，水 200ml]

1. 将切成小块的草莓和水倒入锅中。

2. 开大火，煮至草莓果肉完全褪色。

3. 放入白砂糖，继续煮。

4. 待白砂糖完全溶化，转小火，再煮 5 分钟，关火。

5. 将煮好的糖浆在室温下冷却 2 小时以上，然后用筛网滤入已消毒的容器内，冷藏保存。

应用实例	
草莓气泡绿茶 COOL » P55	
桑格利亚气泡绿茶 COOL » P62	
蜜桃红茶 COOL&HOT » P71	
草莓冰茶 COOL » P78	
草莓奶茶 COOL » P89	
玫瑰莓果茶 COOL » P120	

1	2	3	4	5

05
水果糖浆
FRUIT SYRUP

黑加仑糖浆 300ml／冷藏 2 周

　　这是一款用冷冻黑加仑制成的糖浆。尽管黑加仑和蓝莓颜色相似，但它的味道更甜，香气也更浓。加入少许柠檬汁，能够让黑加仑的风味保留得更完整。

[冷冻黑加仑 250g，白砂糖 200g，柠檬汁 20ml，水 200ml]

1. 将冷冻黑加仑和水倒入锅中。

2. 开大火，将黑加仑中的色素煮出。

3. 待水呈深紫色，转中火，放入白砂糖。

4. 待白砂糖完全溶化，关火。倒入柠檬汁，搅拌均匀。

5. 将煮好的糖浆在室温下冷却 2 小时以上，然后用筛网滤入已消毒的容器内，冷藏保存。

应用 实例	莓果大吉岭奶茶 COOL ≫ P95
	莓果薄荷气泡茶 COOL ≫ P146

1　　　　　　2　　　　　　3　　　　　　4　　　　　　5

01
芳香植物糖浆
HERB SYRUP

迷迭香糖浆 300ml／冷藏 2 周

　　迷迭香在加热后，其芳香的气味会消散。因此，一般是待糖浆熬煮完成后再放入新鲜的迷迭香，这样可以让迷迭香糖浆的香味更加浓郁。制作大部分芳香植物糖浆，通常都会在最后一步放入新鲜的芳香植物，以提升糖浆的香味。

[迷迭香 4 小株，白砂糖 200g，水 200ml]

1. 将 2 小株迷迭香、白砂糖和水倒入锅中。

2. 开大火，煮至白砂糖完全溶化。

3. 关火，用筛网将迷迭香捞出。

4. 放入剩余 2 小株迷迭香，在室温下冷却 2 小时以上。将冷却好的糖浆用筛网滤入已消毒的容器内，冷藏保存。

应用 实例	
迷迭香苹果绿茶 HOT » P39	
荔枝黄瓜气泡绿茶 COOL » P60	
迷迭香柠檬气泡茶 COOL » P98	
柠檬气泡茶 COOL » P107	

1　　　　2　　　　3　　　　4

02
芳香植物糖浆
HERB SYRUP

薰衣草糖浆 300ml／冷藏 2 周

　　如果觉得市面上出售的薰衣草糖浆味道较淡，可以在家自己制作。将薰衣草茶浸泡后制成的糖浆，有着浓郁的香气。

[薰衣草茶 2 茶匙（2g），白砂糖 200g，水 200ml]

1.　将水倒入锅中，煮沸后关火。

2.　将薰衣草茶倒入锅中，浸泡 5 分钟。

3.　将白砂糖倒入锅中，开火，继续煮。

4.　待白砂糖完全溶化后，转小火煮 5 分钟。

5.　将煮好的糖浆在室温下冷却 2 小时以上，然后用筛网滤入已消毒的容器内，冷藏保存。

应用实例

伦敦迷雾 COOL&HOT » P85
薰衣草巧克力 COOL&HOT » P125
薰衣草薄荷冰茶 COOL » P148

1　　　　2　　　　3　　　　4　　　　5

01
香料糖浆
AROMA SYRUP

香草糖浆 300ml／冷藏 2 周

只要有香草荚、白砂糖和水，就可以制作出香草糖浆。但有一点要注意，如果香草荚在糖浆内浸泡太久，就会让糖浆的味道过重，适得其反。

[香草荚 1 根，白砂糖 200g，水 200ml]

1. 将白砂糖和水倒入锅中，用大火熬煮。

2. 待白砂糖全部溶化，转小火，再煮 5 分钟，关火。

3. 将香草荚对半切开，取出香草籽。

4. 将香草荚壳和香草籽放入锅中，在室温下冷却 2 小时以上。

5. 将冷却好的糖浆连香草荚壳和香草籽一起倒入已消毒的瓶子内，发酵 3 天，然后用筛网滤出香草籽，冷藏保存。

应用实例	
蓝莓芒果冰茶 COOL » P79	
香草洋甘菊茶 HOT » P122	
路易波士玛奇朵 COOL » P130	
柠檬草香草冰茶 COOL » P149	

1	2	3	4	5

生姜糖浆 300ml／冷藏 2 周

　　处理生姜的方式不同，制作出的糖浆的味道也会有所不同。如果使用切成块的生姜制作，糖浆的味道就会比较淡；而如果使用捣成碎末或擦成丝的生姜制作，糖浆的味道和香气就会比较浓，而且辣味也会变浓。

[生姜 250g，白砂糖 200g，水 600ml]

1.　生姜洗净后，连皮切成片。

2.　将生姜片切碎，或用料理机磨碎。

3.　将生姜和水倒入锅中，调至中火，熬煮 45~50 分钟。

4.　加入白砂糖继续煮，直至白砂糖完全溶化。

5.　关火，在室温下冷却 2 小时以上，然后倒入消毒后的容器内，冷藏保存。

应用实例	
热带绿茶 COOL » P35	
姜汁柠檬气泡绿茶 COOL » P58	
青柠洛神花冰茶 COOL » P144	

1　　　　2　　　　3　　　　4　　　　5

03
香料糖浆
AROMA SYRUP

伯爵红茶糖浆 300ml／冷藏 2 周

　　这是一款具有多种用途的糖浆，加入牛奶后，就制成了伯爵奶茶。如果喜欢较浓郁的红茶味道，可以增加伯爵红茶的用量。但如果茶叶浸泡时间过长，可能会有涩味，所以一定要先将茶叶过滤掉再使用。

[伯爵红茶 6 茶匙（12g），白砂糖 200g，水 200ml]

1.　将水倒入锅中煮沸。

2.　关火，将 6g 伯爵红茶放入锅中，浸泡 5 分钟。

3.　用筛网将茶叶过滤掉。

4.　将白砂糖倒入锅中，开大火，煮至白砂糖完全溶化，然后转小火再煮 5 分钟。

5.　关火，将剩余的伯爵红茶放入锅中，在室温下冷却 2 小时以上，然后用筛网滤入已消毒的容器内，冷藏保存。

应用 实例	柠檬伯爵冰红茶 COOL » P75 奶盖红茶 COOL » P86 伯爵气泡茶 COOL » P99

1	2	3	4	5

04
香料糖浆
AROMA SYRUP

榛子糖浆 300ml／冷藏 2 周

　　榛子捣成小块，这样制作出来的糖浆口感会更好。如果榛子析出了太多的油，可以用咖啡滤纸将油脂吸掉后再使用。

[榛子 120g，白砂糖 150g，蜂蜜 50ml，水 200ml]

1. 将榛子倒入平底锅，开小火，炒至香味散出。

2. 将炒好的榛子冷却，倒在案板上，用捣棒捣成小块。

3. 将榛子块和水倒入锅中，搅拌均匀。

4. 将白砂糖和蜂蜜倒入锅中，开大火煮。

5. 待白砂糖全部溶化，转小火煮 5 分钟，关火。在室温下冷却 2 小时以上，然后用筛网滤入已消毒的容器内，冷藏保存。

应用实例	椰子菠萝绿茶 COOL » P40
	玄米气泡茶 COOL » P61
	洋甘菊奶绿 COOL&HOT » P129

| 1 | 2 | 3 | 4 | 5 |

第一章
[绿茶 +]

绿茶是人类最早采制的茶，历史非常悠久，每个国家饮用绿茶的方式都略有不同。近年来，以绿茶为基底制成的茶饮，因其能够完整保留绿茶独有的清香而备受欢迎。此外，绿茶可搭配不同种类的材料，调制出不同颜色的饮品，因此可说是茶饮基底的最佳选择。

+ 气泡水

+ 果汁

+ 乳制品

[绿茶的基础]

绿茶，茶的代表

世界上有许多不同品种的茶，但其根源都是一样的，都来自茶树的叶片。茶的色、香、味之所以存在着差异，是因为茶树叶片被采摘下来之后，其经历的加工工艺完全不同。根据制作工艺的不同，茶大致可分为六大类：绿茶、红茶、白茶、乌龙茶、黄茶和黑茶，其中绿茶最早产自中国，因其历史最为久远而闻名。

蒸青绿茶 vs 炒青绿茶

根据制作工艺的不同，绿茶又可分为蒸青绿茶和炒青绿茶。利用蒸汽对茶叶进行杀青的绿茶被称为蒸青绿茶，在热锅里炒制烘干的绿茶则被称为炒青绿茶。中国的龙井、碧螺春和韩国的大部分绿茶，都属于炒青绿茶。相反，日本的玉露、煎茶、玄米茶等则属于蒸青绿茶，其特征是加工后的叶片依然保有鲜亮的绿色。绿茶粉就是由蒸青绿茶碾磨而成的。

制作绿茶的工序：采摘—杀青—萎凋—干燥

采摘就是将茶叶从茶树上采下来。为了防止采摘的茶叶变色，将其放入滚烫的锅中或用蒸汽进行热处理，以除去茶叶中的氧化酶，这个过程称为杀青。杀青结束后，要进行多道萎凋工序，将茶叶进行冷却，以破坏叶片中的细胞膜，这样在浸泡时，茶叶的香味能够得到充分释放。最后，将茶叶放入热锅里炒制，除去水分、使其干燥，就制成了我们所熟知的绿茶。

绿茶的保存方法：密闭容器、阴凉处

绿茶较容易吸收空气中的湿气和气味，因此需要将其保存在密闭的容器中。最好将绿茶和干燥剂一起放入容器中，然后放置在阴凉处或通风处。绿茶粉必须使用真空包装或放入密闭容器中保存，这样才能保持新鲜的绿色。如果长期暴露在空气中，绿茶粉的颜色会变为橄榄绿色，味道也会慢慢变淡。

[**绿茶的种类：** 中国和日本最具代表性的绿茶]

雨前茶

雨前茶是指在谷雨（4月中旬）前采摘及加工的茶叶。采用历经严冬后在春天抽出的细嫩芽尖制成，味道浓郁，无论口感还是香气，皆属上品。品尝时，能够感受到新芽经历严酷环境后所独有的芬芳。

雀舌茶

采制于谷雨之后，立夏（5月初）之前，因茶叶形似雀舌，所以被称为雀舌茶。和雨前茶一样，雀舌茶也采用新芽制成，叶片小巧，散发着醇厚的谷物香气和淡淡的草香。

西湖龙井

常被称作龙井茶，产于中国浙江省杭州市西湖附近。龙井茶的茶叶色泽青绿，形似刀刃，散发着淡淡的栗香与草香。这两种香气融合得恰到好处，仿佛扑鼻的花香一样。

碧螺春

在谷雨前采摘及加工的绿茶，产于中国江苏省苏州市太湖的洞庭山一带。碧螺春通常是采用新芽制成的，条索纤细，形状卷曲，光泽隐翠，因为其淡淡的茶香中带有甘甜的花果香而备受大众欢迎。

玉露茶

日本绿茶中品质最高的品种。玉露茶在生长过程中要经过一段时间的遮光栽培，以抑制氨基酸转化成单宁酸。因此，玉露茶的芽叶柔软，苦涩味较少、鲜味较强。

煎茶

煎茶是日本绿茶的一种，销量约占日本全部绿茶的85%，由此可见它深受日本大众的欢迎。和玉露茶一样，煎茶也是经由蒸汽杀青制成的蒸青绿茶。品质越好的煎茶，香气越佳，口感也越香醇。

玄米茶

在煎茶中混入炒制后的糙米制成的混合绿茶，具有醇厚的口感和香气。除玄米茶外，也有在煎茶中加入炒制后的糙米和少量绿茶粉制作而成的绿茶产品。

[醇香绿茶的浸泡公式： 2g · 70~75℃ · 300~400ml · 1 分 ~1 分 30 秒]

浸泡绿茶的最佳水温：70~75℃

　　浸泡绿茶的水温尤为重要。在浸泡红茶时，只需使用滚烫的沸水就可以了。而浸泡绿茶则不同，需要待沸水稍微降温后再使用，这样可以防止茶叶释放出太多的单宁酸，从而减少茶汤的涩味。在浸泡中国和韩国的绿茶时，建议水温为 70 ~ 75℃，而浸泡日本绿茶则建议采用更低一些的水温，最好是 50 ~ 60℃。只有在水温较低的情况下，绿茶才能慢慢地释放出香气，使涩味减少。

浸泡绿茶的最佳水量：

　　水量可随茶叶量调节。以浸泡 1 杯绿茶为例，大概需要 2g 茶叶和 300 ~ 400ml 水。

浸泡绿茶的最佳时间：

　　绿茶的浸泡时间大约以 1 分 ~ 1 分 30 秒为宜。

绿茶茶包 vs 绿茶粉

　　浸泡茶包需要的水温和浸泡茶叶一样。但茶包中的茶叶一般会沉积在茶包的底部，虽然浸泡茶包的操作较为简单，却难以保证茶汤的味道浓淡均匀。因此，在浸泡茶包之前，需要先将茶包上下摇晃，这样可以使茶叶得到均匀的浸泡。绿茶粉则需要用沸水冲开，用茶筅快速搅拌，直至产生泡沫，这样才能最大限度地减轻涩味。这里注意一定不要用凉水，2g 绿茶粉需要用 60ml 的沸水冲泡。

用作基底的绿茶

　　制作以绿茶为基底的茶饮时，绿茶必须泡得较浓一些。因为茶汤中需要添加配料，我们要保证茶的味道不能被配料的香气盖过，这样才能在茶饮的整体味道中突显出绿茶的味道。浸泡绿茶时，建议使用 70 ~ 75℃的热水浸泡约 5 分钟，以加强绿茶的苦涩味。如还嫌茶味不够突显，可将茶叶在 70 ~ 75℃的热水中浸泡更长时间，或增加茶叶量。以浸泡 1 杯绿茶为例，需要使用 2g 茶叶和 100 ~ 150ml 的水。

[绿茶的完美组合]

绿茶 + 果汁

用绿茶做基底，可以制作出多种口味和香气的茶饮。尤其是加入了果汁的茶饮，能够最大限度地保留绿茶本来的清香和微苦的味道。此外，还可以用各种水果和芳香植物为茶饮做装饰，进一步提升饮品的美感。

绿茶 + 乳制品

从广义上来说，这里介绍的就是奶绿。制作奶绿的关键是要使用绿茶粉，而不是绿茶，这是为了保留绿茶的微苦口味。在使用绿茶粉时，要将其充分地冲泡开，如果使用了未完全冲泡开的绿茶粉，在饮用时会有一股苦味突然出现。因此，请先将绿茶粉充分冲泡后再使用。

绿茶 + 气泡水

绿茶和气泡水可以迸发出火花。将绿茶浸泡在碳酸饮料或气泡水中制作而成的绿茶气泡茶，有着浓郁的绿茶味道。如果想使茶饮的碳酸口感更加突出，可以将气泡水或绿茶气泡茶放入冰箱，以低温冷藏，然后再加入茶饮中。在低温下，碳酸的口感会更加突出。

[适合加入绿茶的材料]

绿茶是最适合用来做茶饮的茶品。因为任何材料加入绿茶中都很搭，而且用绿茶制作的茶饮能较好地突显茶的味道。以下是我挑选的几种和绿茶的味道特别搭的材料。

+ 葡萄柚	葡萄柚带有微苦的余味，绿茶带有的苦涩味，二者融合，能形成非常独特的味道。
+ 柚子	柚子清新的口感能点缀绿茶的苦涩味，使茶饮的味道变得丰富。
+ 芳香植物	各种芳香植物和绿茶都很相合，但尽量不要使用香气过于浓烈的芳香植物。
+ 乳制品	牛奶、淡奶油、冰激凌不仅和绿茶粉非常搭，和绿茶也能很好地融合，它们能使茶饮的口感更加柔和。
+ 巧克力	绿茶和巧克力是绝配。绿茶的苦涩味与巧克力的微苦味相融合，可让茶饮的味道更上一个台阶。
+ 红豆	红豆是和绿茶常搭配的一种材料。可以提前准备好红豆沙，以便在制作饮品时随时取用。
+ 黄瓜	黄瓜的清爽味和绿茶的醇香味融合在一起，会产生一种清新的味道，令人有愉悦感，这一组合尤其适合用作夏天的茶饮。此外，绿茶与荔枝果肉、青芥末酱也很搭。

COOL
枫糖葡萄柚绿茶

这是一款冰茶，先在绿茶中加入葡萄柚汁，再用枫糖浆提升口感。葡萄柚的微苦口感和枫糖浆的甜蜜香味，与绿茶的味道融合在一起，风味尤佳。下面来感受一下葡萄柚和绿茶这对梦幻组合吧。

材料

基底 绿茶 1 茶匙（2g），热水 150ml
配料 100% 葡萄柚汁 30ml，冰块适量
糖浆 枫糖浆 10ml
装饰 葡萄柚片 1/2 片

步骤

1. 将绿茶放入茶壶中，注入热水，浸泡 5 分钟。

2. 将泡好的绿茶用茶漏滤入茶杯中，冷却至常温。

3. 取一个玻璃杯，倒入枫糖浆和葡萄柚汁，搅拌均匀。

4. 玻璃杯中加满冰块，倒入冷却好的绿茶。

5. 放入葡萄柚片做装饰。

在单调的绿茶冰饮中，加入有着浓郁香气和独特味道的热带水果——芒果，能给茶饮增添活力。金黄色的芒果和鲜绿色的胡椒薄荷，在视觉上增加了饮品的清凉感。

COOL
芒果绿茶

材料

基底　绿茶 1 茶匙（2g），热水 150ml
配料　芒果汁 30ml，冰块适量
糖浆　原味糖浆 10ml
装饰　芒果片 2~3 片，胡椒薄荷 1 株

步骤

1. 将绿茶放入茶壶中，注入热水，浸泡 5 分钟。

2. 将泡好的绿茶用茶漏滤入茶杯中，冷却至常温。

3. 取一个玻璃杯，倒入原味糖浆和芒果汁，搅拌均匀。

4. 玻璃杯中加满冰块，倒入冷却好的绿茶。

5. 放入芒果片和胡椒薄荷做装饰。

COOL

蓝莓红醋绿茶

这是一款用蓝莓红醋制作的风味茶饮。蓝莓红醋是制作茶饮的特殊材料，其浓烈的醋酸味与水果的香味融合在一起，风味尤佳。

材料

基底　绿茶 1 茶匙（2g），热水 150ml
配料　蓝莓红醋 20ml，冰块适量
糖浆　原味糖浆 10ml
装饰　蓝莓 10 颗，柠檬片 1/2 片

※ 可用蓝莓薰衣草糖浆（做法见第 17 页）代替原味糖浆。

步骤

1. 将绿茶放入茶壶中，注入热水，浸泡 5 分钟。

2. 将泡好的绿茶用茶漏滤入茶杯中，冷却至常温。

3. 取一个玻璃杯，倒入原味糖浆和蓝莓红醋，搅拌均匀。

4. 玻璃杯中加满冰块，倒入冷却好的绿茶。

5. 放入蓝莓和柠檬片做装饰。

这是一款独具异国风情的夏日饮品。在雪克壶中倒入芒果汁、菠萝汁、椰奶等，然后加入绿茶和冰块，用力摇晃后，就能得到一杯完美的茶饮。

COOL

热带绿茶

材料

基底 绿茶 1 茶匙（2g），热水 120ml

配料 芒果汁 15ml，菠萝汁 15ml，椰奶 10ml，冰块适量

糖浆 原味糖浆 20ml，柠檬汁 10ml

装饰 樱桃 1 颗

※ 可用生姜糖浆（做法见第 23 页）代替原味糖浆。

步骤

1. 将绿茶放入茶壶中，注入热水，浸泡 5 分钟。再将泡好的绿茶用茶漏滤入茶杯中，冷却至常温。

2. 将除了绿茶和樱桃外的所有材料都放入雪克壶中。再将冷却好的绿茶倒入雪克壶中，加满冰块后，用力摇晃 8~10 秒。

3. 取一个玻璃杯，加满冰块，再倒入步骤 2 中制作好的液体混合物。用鸡尾酒签穿过樱桃，放在玻璃杯上做装饰。

HOT

摩洛哥薄荷茶

摩洛哥薄荷茶是在绿茶中放入方糖和圆叶薄荷叶制作而成的。方糖香甜的味道与绿茶和薄荷的香味很搭。在这里，我们用珠茶做基底，味道更佳。

材料

基底	珠茶 1 茶匙（2g），圆叶薄荷叶 8 片，热水 200ml
糖浆	方糖 2 块

步骤

1. 在茶壶和玻璃杯中注入适量沸水进行预热。再倒出沸水。

2. 将珠茶放入预热好的茶壶中，注入热水，浸泡 3 分钟。

3. 将泡好的珠茶用茶漏滤入茶杯中，放置一边备用。

4. 在预热好的玻璃杯中放入圆叶薄荷和方糖。

5. 将泡好的珠茶倒入玻璃杯中。

茉莉花茶是采用窨制工艺，将茉莉花的香味融进绿茶里制成的茶。茉莉花茶的香味和橙子的香气十分搭，味道温和不刺激，品尝这道茶饮时，会让人产生心平气和的感觉。

COOL

茉莉橙子绿茶

材料

基底	茉莉花茶 1 茶匙（2g），热水 150ml
配料	100% 橙汁 30ml，冰块适量
糖浆	原味糖浆 10ml
装饰	橙子片 1 片

※ 可用葡萄柚糖浆（做法见第 15 页）代替原味糖浆。

步骤

1. 将茉莉花茶放入茶壶中，注入热水，浸泡 5 分钟。

2. 将泡好的茉莉花茶用茶漏滤入茶杯中，冷却至常温。

3. 取一个玻璃杯，倒入原味糖浆和橙汁，搅拌均匀。

4. 玻璃杯中加满冰块，倒入冷却好的茉莉花茶。

5. 放入橙子片做装饰。

HOT

柚子绿茶

在雨天或者凉飕飕的天气里，享用一杯温暖的热茶，会令人感觉到融融的暖意。品尝柚子绿茶，需要先将沉淀在杯底的柚子清搅拌均匀，这样才能让柚子的香气充分释放。

材料

基底 绿茶 1 茶匙（2g），热水 200ml
糖浆 柚子清 50ml

※ 可用葡萄柚糖浆（做法见第 15 页）代替柚子清。

步骤

1. 将适量沸水注入茶壶和玻璃杯中，进行预热。再倒出沸水。

2. 将绿茶放入预热好的茶壶中，注入热水，浸泡 3 分钟。

3. 将泡好的绿茶用茶漏滤入茶杯中，放置一边备用。

4. 将柚子清倒入预热好的玻璃杯中。

5. 玻璃杯中再倒入 100ml 泡好的绿茶，与柚子清混合均匀。

6. 将剩余泡好的绿茶倒入玻璃杯中。

苹果和迷迭香的清爽味道，能为暖暖的绿茶增加香味。品尝这道热茶时，能够感受到浓郁的苹果味。

HOT

迷迭香苹果绿茶

材料

基底　绿茶1茶匙（2g），迷迭香1小株，热水300ml

糖浆　苹果糖浆30ml

装饰　苹果片1片

※ 可用迷迭香糖浆（做法见第20页）代替苹果糖浆。

步骤

1. 将适量沸水注入茶壶和玻璃杯中，进行预热。再倒出沸水。

2. 将绿茶放入预热好的茶壶中，注入热水，浸泡3分钟。

3. 将泡好的绿茶用茶漏滤入茶杯中，放置一边备用。

4. 将迷迭香和苹果糖浆倒入预热好的玻璃杯中。

5. 将泡好的绿茶倒入玻璃杯中。

6. 放入苹果片做装饰。

COOL

椰子菠萝绿茶

椰子和菠萝的浓郁香气，隐隐地从这款绿茶冰饮中飘散出来。绿茶与椰子水邂逅，创造出浓浓的热带气息，让这款夏日冰饮具有独特的魅力。

材料

基底　绿茶 1 茶匙（2g），热水 150ml
配料　椰子水 30ml，冰块适量
糖浆　原味糖浆 15ml，菠萝片 1/2 片
装饰　菠萝片 1/2 片，樱桃 1 个

※ 可用榛子糖浆（做法见第 25 页）代替原味糖浆。

步骤

1. 将绿茶放入茶壶中，注入热水，浸泡 5 分钟。再将泡好的绿茶用茶漏滤入茶杯中，冷却至常温。

2. 取一个玻璃杯，将原味糖浆、椰子水和 1/2 片菠萝片放入玻璃杯中，再用捣棒碾压，直至菠萝混合物呈浓稠状。

3. 玻璃杯中加满冰块，倒入冷却好的绿茶。将做装饰的 1/2 片菠萝片切成适当的大小，和樱桃一起用木签串起来，放入玻璃杯中做装饰。

玄米茶是由绿茶和炒过的糙米拼配而成的，香气浓郁，口感醇香。它搭配柠檬和青柠非常合拍。

柠檬青柠绿茶

材料

基底　玄米茶 1 茶匙（2g），热水 150ml

配料　冰块适量

糖浆　原味糖浆 20ml，柠檬 1/4 个，青柠 1/4 个

装饰　圆叶薄荷 1 小株

步骤

1. 将玄米茶放入茶壶中，注入热水，浸泡 5 分钟。

2. 将泡好的玄米茶用茶漏滤入茶杯中，冷却至常温。

3. 取一个玻璃杯，将原味糖浆、带皮的柠檬和青柠放入杯中，用捣棒用力碾压，直至果皮中的皮油被充分挤压出来。

4. 玻璃杯中加满冰块，倒入冷却好的玄米茶。

5. 放入圆叶薄荷做装饰。

COOL HOT 维也纳绿茶

这款奶绿是由驭手咖啡演变而来的。驭手咖啡的发明来源于"一匹马车"。古时候，由于人们出行使用的马车在行进过程中会晃动，经常造成驾驭者手中的咖啡飞溅。为了解决这一问题，人们就想到了在咖啡表面铺上奶油，来防止咖啡飞溅的办法。因此，出于同样目的，建议在饮用维也纳绿茶时，保持饮品的原样，不要将绿茶和表面的奶油搅拌在一起。

材料

基底 绿茶粉 1 茶匙（2g）

配料 淡奶油 50ml，牛奶 150ml，冰块适量（制作冷茶时用到）

糖浆 炼乳 20ml，原味糖浆 10ml

装饰 绿茶粉适量

步骤

Cool 1. 取一个玻璃杯，倒入 2g 绿茶粉和 30ml 牛奶，搅拌均匀。

2. 玻璃杯中加满冰块，倒入原味糖浆和 120ml 牛奶，搅拌均匀。

3. 将淡奶油和炼乳放入不锈钢盆中，将奶油混合物打发。

4. 将打发好的奶油铺在步骤 2 制作好的牛奶混合物表面，最后撒上适量绿茶粉做装饰。

Hot 1. 将 150ml 牛奶倒入牛奶杯中，放入微波炉加热 40 秒。

2. 取一个茶杯，将 2g 绿茶粉和 30ml 加热好的牛奶倒入杯中，搅拌均匀。

3. 茶杯中再倒入原味糖浆和剩余的热牛奶，搅拌均匀。

4. 将淡奶油和炼乳放入不锈钢盆中，将奶油混合物打发。

5. 将打发好的奶油铺在步骤 3 制作好的牛奶混合物表面，最后撒上适量绿茶粉做装饰。

COOL

蜜瓜绿茶奶昔

这是一款使用蜜桃味绿茶制成的奶昔。绿茶和哈密瓜、牛奶搭配的味道，会让人有种吃哈密瓜冰棒的感觉。

材料

基底　蜜桃味绿茶 1 茶匙（2g），热水 90ml

配料　牛奶 20ml，哈密瓜 1/4 个，冰块 8~9 块

糖浆　原味糖浆 10ml

装饰　哈密瓜片 1 片

步骤

1. 将蜜桃味绿茶放入茶壶中，注入热水，浸泡 5 分钟。

2. 将泡好的蜜桃味绿茶用茶漏滤入茶杯中，冷却至常温。

3. 将原味糖浆、牛奶、冰块、1/4 个哈密瓜（切成块）和冷却好的绿茶倒入搅拌机中，搅拌至冰块碎成冰沙。

4. 取一个玻璃杯，将步骤 3 制作好的奶昔倒入杯中，将 1 片哈密瓜片插在杯沿上做装饰。

由绿茶粉、炼乳、香草冰激凌和牛奶制成的奶昔，口味香浓。浅绿色的外观，能够令人在视觉上感到愉悦。

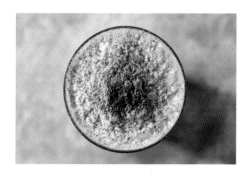

COOL

炼乳绿茶奶昔

材料

基底　绿茶粉 1 茶匙（2g）

配料　香草冰激凌 3 球（170g），牛奶 120ml

糖浆　炼乳 30ml

装饰　绿茶粉适量

步骤

1. 将除装饰用绿茶粉以外的全部材料放入搅拌机内。

2. 将牛奶混合物搅拌至呈浓稠状。

3. 取一个玻璃杯，将步骤 2 制作好的奶昔倒入杯中，撒上适量绿茶粉做装饰。

HOT

豆奶绿茶

这是一款不加牛奶的奶绿。绿茶特有的香气配上豆奶和黄豆粉的醇香，非常符合大众口味。

材料

基底　绿茶粉 1 茶匙（2g）

配料　豆奶 200ml

糖浆　黄豆粉 1/2 茶匙（1g），白砂糖适量

装饰　黄豆粉少许

步骤

1. 将适量沸水注入玻璃杯中，预热。再倒出沸水。

2. 取一个牛奶杯，倒入豆奶，放入微波炉中加热 30 秒。

3. 将绿茶粉、1g 黄豆粉、白砂糖和 100ml 热好的豆奶放入预热好的玻璃杯中，搅拌均匀。

4. 将剩余热好的豆奶倒入步骤 3 的杯中。

5. 撒上少许黄豆粉做装饰。

这是一款主要由绿茶粉和巧克力制作而成的冰茶。甜甜的巧克力和微苦的绿茶粉相遇，会为您呈献一段愉快的味觉旅程。

COOL

巧克力冰绿茶

材料

基底	绿茶粉 1 茶匙（2g）
配料	牛奶 200ml，冰块适量
糖浆	巧克力酱 25ml，可可粉 2 汤匙（20g），桂皮粉适量，盐少许
装饰	绿茶粉少许

步骤

1. 将巧克力酱、可可粉、桂皮粉和盐放入玻璃杯中。

2. 取一个茶杯，倒入 50ml 牛奶和 2g 绿茶粉，搅拌均匀。

3. 取一个牛奶杯，倒入 50ml 牛奶，放入微波炉中加热 20 秒。

4. 将热好的牛奶倒入步骤 1 的玻璃杯中，搅拌均匀。

5. 玻璃杯中加满冰块，倒入剩余的 100ml 牛奶。

6. 将步骤 2 做好的牛奶混合物倒入玻璃杯中，撒上少许绿茶粉做装饰。

COOL

绿茶牛油果酸奶

这是一款由印度著名饮品——拉西奶昔改良的饮品。柔软的牛油果、清爽的酸奶与绿茶邂逅，迸发出全新的味道。同时，这款饮品具有很强的饱腹感，可以作为代餐食用。

材料

基底　绿茶粉 1 茶匙（2g），牛油果 1 个

配料　无糖酸奶 150ml，冰块适量

糖浆　蜂蜜 30ml，盐少许

装饰　圆叶薄荷 1 小株，牛油果片 1 片

步骤

1. 将牛油果对半切开，去核，将果肉挖出来，切成片。留下 1 片牛油果片备用。

2. 将除装饰用圆叶薄荷和 1 片牛油果片以外的材料放入搅拌机中。

3. 搅拌至冰块碎成冰沙。

4. 将步骤 3 制作好的混合物倒入玻璃杯中，在表面放上预留的 1 片牛油果片和圆叶薄荷做装饰。

这是一款主要由浓郁绿茶味的冰激凌和甜甜的奥利奥饼干制成的饮品，味道独特。

COOL

绿茶奥利奥奶昔

材料

基底　绿茶冰激凌 4 球（220g）
配料　牛奶 45ml、奥利奥饼干 3 块
装饰　奥利奥饼干粉适量

步骤

1. 用刀将饼干中间的夹心刮掉。

2. 将除装饰用奥利奥饼干粉以外的全部材料放入搅拌机中。

3. 搅拌至混合物呈黏稠状。

4. 将步骤 3 制作好的混合物倒入玻璃杯中，再撒上奥利奥饼干粉做装饰。

HOT

蜂蜜印第安奶绿

这是一款由姜黄粉和蜂蜜制成的茶饮。又辣又苦的姜黄粉，与绿茶粉、牛奶、蜂蜜相遇，碰撞出令人惊喜的味道。橙黄的色泽，赋予了这款茶饮明亮的外观。

材料

基底　绿茶粉 1 茶匙（2g）
配料　牛奶 150ml
糖浆　蜂蜜 20ml，姜黄粉 1/2 茶匙（1g）
装饰　姜黄粉少许

步骤

1. 将适量热水注入玻璃杯中，预热。再倒出沸水。

2. 将牛奶倒入牛奶杯中，放入微波炉中加热 30 秒。

3. 将热好的牛奶倒入法压壶中或用电动奶泡器打出奶泡。

4. 将绿茶粉、1g 姜黄粉、蜂蜜和少许奶泡放入预热好的玻璃杯中，搅拌均匀。

5. 将剩余奶泡倒入玻璃杯中，撒上少许姜黄粉做装饰。

这是一款将香蕉、杏仁奶和绿茶粉混合后制成的奶昔。这款茶饮亮点在于使用了冰冻的香蕉，不但味道香甜，能激发人的食欲，更能突显奶昔的质感。

COOL

绿茶香蕉奶昔

材料

基底　绿茶粉 1½ 茶匙（3g），冰冻香蕉（剥皮后使用）1 个

配料　杏仁奶 150ml，冰块 5~6 块

糖浆　原味糖浆 30ml，盐少许

装饰　干香蕉片 3 片

步骤

1. 将除了装饰用干香蕉片以外的全部材料放入搅拌机中。

2. 搅拌至冰块全部碎成冰沙。

3. 将步骤 2 制作好的奶昔倒入玻璃杯中，再放入掰碎的干香蕉片做装饰。

枫糖奶绿

这款加入了枫糖浆的奶绿，富有枫糖特有的香甜和特殊的焦糖风味。这款茶饮无论是做成冷茶还是热茶，都很好喝。

材料

基底 绿茶粉 1 茶匙（2g）
配料 牛奶 200ml，冰块适量（制作冷茶时用到）
糖浆 枫糖浆 20ml

步骤

Cool
1. 在玻璃杯中放入枫糖浆和 50ml 牛奶，搅拌均匀。
2. 另取一个玻璃杯，放入绿茶粉和 50ml 牛奶，搅拌均匀。
3. 在步骤 1 的玻璃杯中加满冰块，倒入剩余 100ml 牛奶。
4. 将步骤 2 制作好的混合物倒入步骤 3 的玻璃杯中。

Hot
1. 将 200ml 牛奶倒入牛奶杯中，放入微波炉中加热 40 秒。
2. 将枫糖浆和 50ml 热牛奶倒入玻璃杯中，搅拌均匀。
3. 另取一个玻璃杯，将绿茶粉和 50ml 热牛奶倒入杯中，搅拌均匀。
4. 将步骤 3 制作好的混合物和剩余 100ml 热牛奶倒入步骤 2 的玻璃杯中。

COOL

肉桂苹果气泡绿茶

这是一款独具魅力的气泡茶饮，散发着苹果和肉桂的香味。在混有苹果汁的绿茶中，放入1根肉桂，肉桂的香气就会慢慢融入绿茶中。

材料

基底　绿茶1茶匙（2g），热水80ml
配料　100%纯苹果汁30ml，气泡水1瓶（500ml）
糖浆　原味糖浆15ml，柠檬汁5ml
装饰　肉桂1根，苹果片1片

※ 可用苹果糖浆（做法见第16页）代替原味糖浆。

步骤

1. 将绿茶放入茶壶中，注入热水，浸泡5分钟。再将泡好的绿茶用茶漏滤入茶杯中，冷却至常温。

2. 取一个玻璃杯，倒入原味糖浆、柠檬汁和苹果汁，搅拌均匀。再将冷却好的绿茶沿着杯壁倒进玻璃杯中。

3. 将气泡水倒入玻璃杯中，直至倒满。再将苹果片和肉桂分别放入玻璃杯中做装饰。

在绿茶气泡茶中加入草莓糖浆，可以创造出风味独特的草莓气泡绿茶。赶紧品尝一下用自制草莓糖浆制成的健康气泡茶饮吧。可以用 2 个绿茶茶包代替 1 汤匙绿茶。

COOL

草莓气泡绿茶

材料

基底　绿茶 1 汤匙（5g）
配料　气泡水 180ml，冰块适量
糖浆　草莓糖浆 30ml
装饰　草莓片 5 片

※ 需事先准备适量热水用于浸泡茶叶。

步骤

1. 将绿茶放入适量热水中浸泡 15 秒，再用茶漏滤出茶叶，放入瓶装气泡水中，拧紧盖子，倒置放在冰箱中冷藏 8~12 个小时。

2. 取一个玻璃杯，将草莓糖浆倒入杯中。

3. 玻璃杯中加满冰块，再放入草莓片。

4. 将步骤 1 制作好的绿茶气泡茶，用茶漏滤入玻璃杯中。

COOL

香草茉莉冰激凌绿茶

这是一款茉莉花茶上漂浮着香草冰激凌的茶饮。享用时，既能喝到绿茶，又可以吃到冰激凌。赶快品尝一下这款茶饮的双重好味道吧。可以用 2 个茉莉花茶茶包代替 1 汤匙茉莉花茶。

材料

基底　茉莉花茶 1 汤匙（5g）
配料　气泡水 250ml，碎冰块 100g
糖浆　香草冰激凌 1 球（55g）
装饰　绿茶粉适量

※ 需事先准备适量热水用于浸泡茶叶。

步骤

1. 将茉莉花茶放入适量热水中浸泡 15 秒，用茶漏滤出茶叶，放入瓶装气泡水中，拧紧盖子，倒置在冰箱中冷藏 8~12 个小时。

2. 取一个玻璃杯，加满碎冰块。将步骤 1 制作好的茉莉花茶气泡茶用茶漏滤入玻璃杯中。

3. 将香草冰激凌小心地放入玻璃杯中。在冰激凌表面撒上适量绿茶粉做装饰。

这款茶饮可以让人感受到绿茶的清新味道和香气。虽然根据个人喜好，可以放入甜味剂进行调味，但为了保留绿茶的本来味道，不建议使用甜味剂。

COOL
气泡绿茶

材料

基底　绿茶粉 1 茶匙（2g）
配料　气泡水 180ml，冰块适量
装饰　胡椒薄荷 1 小株

步骤

1. 将绿茶粉倒入玻璃杯中，再倒入少许气泡水，混合均匀。

2. 玻璃杯中加满冰块。

3. 将剩余的气泡水也倒入杯中。

4. 在杯口处放上胡椒薄荷做装饰。

COOL

姜汁柠檬气泡绿茶

生姜多用于制作冬日热饮，但也适合制作冷饮。辛辣的生姜、清新的柠檬和微苦的绿茶，相信大家对这三种材料的味道一定不会陌生。

材料

基底	绿茶 1 茶匙（2g），热水 80ml
配料	雪碧 1 瓶（250ml），冰块适量
糖浆	生姜糖浆 10ml，原味糖浆 10ml，柠檬汁 10ml
装饰	生姜片 2 片，柠檬片 3 片

步骤

1. 将绿茶放入茶壶中，注入热水，浸泡 5 分钟。

2. 将泡好的绿茶用茶漏滤入茶杯中，冷却至常温。

3. 取一个玻璃杯，将生姜糖浆、原味糖浆、柠檬汁倒入杯中，搅拌均匀。

4. 玻璃杯中加满冰块，倒入冷却好的绿茶。再倒入雪碧，直至倒满。

5. 放入生姜片和柠檬片做装饰。

今天，我们要用蓝莓薰衣草糖浆来制作一款夏日气泡茶。蓝莓和薰衣草会碰撞出非常美妙的滋味。可以用 2 个绿茶茶包代替 1 汤匙绿茶。

材料

基底 绿茶 1 汤匙（5g）

配料 气泡水 1 瓶（180ml）

糖浆 蓝莓薰衣草糖浆 30ml，柠檬汁
5ml

装饰 蓝莓 5 颗

※ 需事先准备适量热水用于浸泡茶叶。

步骤

1. 将绿茶放入适量热水中浸泡 15 秒，用茶漏滤出茶叶，放入瓶装气泡水中，拧紧盖子，倒置在冰箱中冷藏 8~12 个小时。

2. 取一个玻璃杯，倒入蓝莓薰衣草糖浆和柠檬汁，搅拌均匀。

3. 将步骤 1 制作好的绿茶气泡茶，用茶漏滤入玻璃杯中。

4. 放入蓝莓做装饰。

COOL

蓝莓薰衣草
气泡茶

COOL

荔枝黄瓜气泡绿茶

这是一款由热带水果的代表之一——荔枝，搭配水分满满的黄瓜制作而成的气泡茶饮。冷冻荔枝和卷起来的黄瓜片漂浮在杯中，造型独特。

材料 ⚫ 🥃 🥃 🥃 🥃 ◯ 🫘 ◗ ◯ 🌿

基底 绿茶 1 茶匙（2g），热水 100ml
配料 荔枝汁 30ml，雪碧 1 瓶（250ml），冰块适量
糖浆 原味糖浆 10ml，柠檬汁 5ml
装饰 冷冻荔枝 3 个，黄瓜片 4 片，圆叶薄荷 1 小株

※ 可用迷迭香糖浆（做法见第 20 页）代替原味糖浆。

步骤

1. 将绿茶放入茶壶中，注入热水，浸泡 5 分钟。再将泡好的绿茶用茶漏滤入茶杯中，冷却至常温。

2. 取一个玻璃杯，倒入原味糖浆、柠檬汁和荔枝汁，搅拌均匀。再将冰块、冷冻荔枝和卷好的黄瓜片放入玻璃杯中。

3. 将冷却好的绿茶也倒入玻璃杯中，再倒入雪碧，直至倒满。在杯口处放上圆叶薄荷做装饰。

这款气泡茶能够突显玄米茶独有的香醇味。此外，玄米和榛子的搭配，产生了出乎意料的协调感。青柠汁的加入增添了清爽感。

COOL

玄米气泡茶

材料

基底　玄米茶 1 茶匙（2g），热水 80ml
配料　气泡水 1 瓶（500ml），冰块适量
糖浆　榛子糖浆 15ml，青柠汁 5ml
装饰　青柠片 1 片

步骤

1. 将玄米茶放入茶壶中，注入热水，浸泡 5 分钟。

2. 将泡好的玄米茶用茶漏滤入茶杯中，冷却至常温。

3. 取一个玻璃杯，倒入榛子糖浆和青柠汁，搅拌均匀。

4. 玻璃杯中加满冰块，再倒入冷却好的玄米茶。

5. 倒入气泡水，直至倒满。

6. 放入青柠片做装饰。

COOL

桑格利亚气泡绿茶

桑格利亚汽酒是西班牙和葡萄牙的传统饮品，主要是用葡萄酒制成的。在这里，用红葡萄汁代替葡萄酒，制成这款无酒精的气泡茶饮。

材料

基底　绿茶包 2 个（5g）

配料　红葡萄汁 300ml，气泡水 1 瓶（500ml），冰块适量

糖浆　原味糖浆 50ml，柠檬汁 20ml

装饰　葡萄 20 颗，橙子 1/2 个，柠檬 1/2 个，青柠 1/2 个，葡萄柚 1/2 个

※ 需事先准备适量热水用于浸泡茶包。
※ 可用草莓糖浆（做法见第 18 页）代替原味糖浆。

步骤

1. 将绿茶包放入适量热水中浸泡 15 秒后取出，放入瓶装气泡水中，拧紧盖子，倒置在冰箱中，冷藏 8~12 个小时。

2. 在 1L 的玻璃杯中放入葡萄、切成片的柑橘类水果、原味糖浆、柠檬汁和红葡萄汁，搅拌均匀。再加满冰块，倒入步骤 1 中冷泡好的绿茶气泡茶，搅拌均匀。

在很久以前的欧洲，人们就开始在醋里加入甜味剂，制成甜味饮品饮用。在菠萝醋中加入糖浆，再加入气泡茶，就制成了这款极具魅力的菠萝醋气泡茶。

COOL

菠萝醋气泡茶

材料

基底　绿茶 1 茶匙（2g），热水 80ml
配料　气泡水 1 瓶（500ml），冰块适量
糖浆　原味糖浆 30ml，菠萝醋 15ml
装饰　菠萝片 1 片

步骤

1. 将绿茶放入茶壶中，注入热水，浸泡 5 分钟。

2. 将泡好的绿茶用茶漏滤入茶杯中，冷却至常温。

3. 取一个玻璃杯，倒入原味糖浆和菠萝醋，搅拌均匀。

4. 玻璃杯中加满冰块，倒入冷却好的绿茶。

5. 将气泡水也倒入玻璃杯中，直至倒满。菠萝片切成适当大小，放入玻璃杯中做装饰。

第二章
[红茶 +]

红茶是世界上最受欢迎的茶之一。它的种类繁多，不同品种的红茶香气、味道各不相同，也有人将其比作红酒。红茶被广泛应用于制作各式茶饮中，那饮后清爽的口感，是红茶茶饮独有的特征。

+ 气泡水

+ 果汁

+ 乳制品

[红茶的基础]

红茶——改变世界的饮品

  红茶可谓是改变了世界历史的幕后主人公之一。比如引发美国独立战争的波士顿倾茶事件与红茶就有着不可分割的关系。在过去，红茶备受欧洲贵族们的喜爱，被视为奢侈品。后来在英国人的传播下，红茶渐渐成了大众化的饮品。如今，红茶已经成为全世界人喜爱的茶类之一。

单一产地红茶 vs 混合红茶 vs 调味红茶

  最早的红茶起源于中国福建省武夷山一带，这里也是乌龙茶的产地。红茶的主要生产国是中国、斯里兰卡、印度和肯尼亚，不同国家生产的红茶味道、香气都不一样。

  由同一产地生产出来的红茶被称为单一产地红茶。把不同产地的红茶混合制成的茶被称为混合红茶，如英式早餐茶。现在，市面上还可以见到用红茶与芳香植物、花和水果等混合制成的混合红茶，如水果红茶、花香红茶、香料红茶和波本威士忌红茶等。

  此外，添加人工香料或用香料浸泡茶叶制成的调味红茶也在慢慢增加。

制作红茶的工序：采摘—萎凋—揉捻—发酵—干燥

  相比绿茶，红茶的制作工序更为复杂。首先，将采摘下来的茶叶均匀地铺开，使其慢慢萎凋。这时茶叶中40%的水分蒸发掉了，其中的有效成分得以浓缩。接下来，反复揉捻茶叶，使茶叶的细胞破损，茶汁溢出。再将茶叶放入恒温的发酵室内进行发酵。发酵完成后，茶叶变为棕色。最后，将棕色的茶叶放入干燥机或者用炭火进行干燥，红茶就制作完成了。经过这样一系列工序制成的红茶，被称为发酵茶。

红茶的保存方法：密闭容器、阴凉处

  红茶没有最佳保存期限，但有最佳品尝时间。一般产品包装盒上会写明"该日期前品尝最佳"，一旦过了这个日期，茶的香气和味道就会逊色不少。红茶在最佳品尝时间之前饮用最好，但并不是过了这个时间，就要丢弃。可以将香气已经挥发了的红茶制成糖浆，用于制作茶饮。

正山小种红茶

这是世界上最早出现的红茶，产自中国福建省武夷山地区。相传明朝中期，茶农因躲避战乱，无暇顾及当天采摘的茶叶，导致茶叶完全发酵，无法加工成绿茶。第二天，为了挽回损失，茶农用马尾松干柴将茶叶烘干，又用了一些特殊工艺，最后制成了正山小种红茶。此茶风味独特，散发着淡淡的水果香气和烟熏味，深受茶客的喜爱。

祁门红茶

中国安徽省的著名红茶，和斯里兰卡的锡兰红茶、印度的大吉岭红茶合称为世界三大红茶。因其特有的花香和水果香而闻名世界，并有着"祁门香"这一美誉。因其制作工艺精细，被归为工夫茶一类。

阿萨姆红茶

印度最具代表性的红茶之一，是以产地命名的红茶。阿萨姆红茶是世界上第一个在中国以外的地区被发现的红茶，直到19世纪30年代初才被世界认可。此茶散发着清新的麦芽香、淡淡的玫瑰香和木果香，味道浓郁，颜色浓重。

大吉岭红茶

印度的高级红茶，被誉为"红茶中的香槟"。大吉岭红茶产于海拔2000米以上的大吉岭地区，每年3次的产期是在春季、初夏和夏末。由于大吉岭红茶的茶树品种源自中国，所以深受那些对中国茶叶情有独钟的英国人的喜爱。

努沃勒埃利耶红茶

努沃勒埃利耶红茶产于斯里兰卡最高处——海拔1868米的地区，常被拿来和印度高山地区栽培的大吉岭红茶做比较。其特点是味道清新，带着香甜的花香，作为纯红茶享用，味道尤佳。

锡兰红茶

锡兰红茶是斯里兰卡最具代表性的红茶之一。立顿品牌的创始人、被称为"英国红茶王"的汤姆斯·立顿将其命名为"锡兰（斯里兰卡以前的名字）红茶"，并推向了全世界，与祁门红茶、大吉岭红茶并称为世界三大红茶。此茶带有淡淡的薄荷香和浓郁的成熟水果香气。

汀布拉红茶

产于斯里兰卡南部地区的红茶。浸泡时，茶色呈赤褐色。尽管茶色浓重，但涩味相对较淡，品尝时能感受到多样的香气，尤其适合做成奶茶。清幽的花香和淡淡的草香、水果香，构成了美妙的味道。

[**醇香红茶的浸泡公式：** 2~3g · 100℃ · 300~400ml · 3 分钟]

浸泡红茶的最佳水温：100℃

只要有沸水，随时随地都可以浸泡红茶。以 2 ～ 3g 红茶为例，用 300 ～ 400ml 的沸水浸泡最为合适。尽管因红茶的种类不同，浸泡时间会有所差异，但最多不要超过 5 分钟。特别是纯红茶，浸泡时间不要超过 3 分钟，否则茶的苦味和涩味就会增加。

红茶茶包 vs 红茶粉

过去的红茶茶包，大部分都是粉末，但最近，装有茶叶的茶包成了流行趋势。茶包和茶叶一样，最适当的浸泡时间为 3 分钟左右。但如果装的是红茶粉，建议浸泡时间不要超过 3 分钟。因为粉末状的茶会在较短时间内释放出味道，如果浸泡时间超过 3 分钟，可能会出现较重的涩味。

用作基底的红茶

用来制作基底的红茶必须泡得浓一些，浸泡时间在 5 分钟左右为最佳。以浸泡 1 杯红茶为例，使用 100 ～ 150ml 的沸水最为适宜。茶叶量可以根据茶客的喜好增减，但尽量控制在 2g 左右。因为如果茶叶过多，红茶中的单宁酸也会变多，若茶汤温度下降，单宁酸凝固，红茶会出现白色混浊现象（类似于呈奶油状），使涩味增加。

红茶的完美组合

红茶 + 果汁

　　香气丰富的红茶中加入清爽的果汁，让原本味道单调的红茶变身为风味独特的茶饮，使人既能够品尝美味，又能够欣赏外观。一起来品尝内外兼修、香气丰富的红茶茶饮吧。

红茶 + 乳制品

　　红茶不仅限于牛奶，还可以与多种其他的乳制品搭配，打造出多样味道的奶茶。含有奶油的冰激凌和奶酪，也可以用来制成各种形态的奶茶。一起来品尝和现在市面上的奶茶不同的、带有厚重口感和咸甜风味的红茶奶茶吧。

红茶 + 气泡水

　　红茶与气泡水混合，碰撞出口感刺激的饮品。气泡水的刺激口感，特别适合夏季。将红茶作为基底，混入碳酸饮料或气泡水，或者将红茶冷泡在气泡水中制成红茶气泡茶。如果有气泡水机，也可以在浸泡好的茶中，直接注入气泡水来制作。

[适合加入红茶的材料]

大部分红茶和一般的水果都适合搭配。除了水果以外，还有很多适合加入红茶的材料，下面介绍几种和红茶的味道特别搭的材料。

+ 香辛料	红茶和肉桂、小豆蔻、生姜特别搭。著名的印度奶茶——印度马萨拉茶，就是在红茶中加入香辛料制成的饮品。
+ 焦糖	巧克力、焦糖是和咖啡相融的材料，也非常适合加入红茶。特别是海盐焦糖，可以用来制作咸甜口味的饮品。
+ 葡萄干	葡萄干甜甜的香气，可以使茶的芳香更为丰富。将葡萄干制成糖浆，加入饮品中也不错。
+ 奶油	淡奶油、卡仕达酱等，都和红茶非常相融，都能够使奶茶的风味更为丰富。
+ 柑橘类水果	柑橘类水果是红茶茶饮的核心材料。特别是与伯爵红茶相遇时，能够散发出柑橘类水果丰富的香气。
+ 桃子	桃子带有特别的酸甜口味，能使红茶味更为清新。使用糖浆、果汁、果酱等都能丰富茶的风味。
+ 苹果	苹果的余味微涩，和红茶相遇，能够使茶饮的味道更为清爽。
+ 香草	香草精或香草糖浆加入饮品中，能够提升其他材料的香气。市面上也有很多专门用来和红茶混合的香草类产品。

蜜桃红茶

一提到蜜桃红茶，自然就会想到立顿蜜桃冰红茶，口感独特。这里介绍的蜜桃红茶中加入了少许苹果汁，使味道更清爽、丰富。

材料

基底　蜜桃味红茶包 1 个，沸水 150ml
配料　苹果汁 15ml，冰块适量（制作冷茶时用到）
糖浆　原味糖浆 30ml
装饰　柠檬片 2 片，圆叶薄荷 1 小株

※ 可用草莓糖浆（做法见第 18 页）代替原味糖浆。

步骤

Cool　1.　将蜜桃味红茶包放入茶壶中，注入沸水，浸泡 5 分钟。

2.　将泡好的蜜桃味红茶倒入茶杯中，冷却至常温。

3.　取一个玻璃杯，倒入原味糖浆和苹果汁，搅拌均匀。

4.　玻璃杯中加满冰块，再倒入冷却好的蜜桃味红茶。

5.　放入柠檬片和圆叶薄荷做装饰。

Hot　1.　将适量沸水（材料用量外）注入茶壶和茶杯中，进行预热。再倒出沸水。

2.　将蜜桃味红茶包放入茶壶中，注入 150ml 沸水，浸泡 5 分钟。

3.　另取一个茶杯，倒入泡好的蜜桃味红茶，放置一边备用。

4.　将原味糖浆和苹果汁倒入步骤 1 预热好的茶杯中，搅拌均匀。

5.　将泡好的蜜桃味红茶倒入步骤 4 的杯中，再放入柠檬片和圆叶薄荷做装饰。

COOL

橙子柠檬大吉岭冰茶

用散发着百里香和葡萄香味的大吉岭红茶做基底，搭配柑橘类水果，打造出这款富含水果香味的冰茶。

材料

基底	大吉岭红茶 1 茶匙（2g），沸水 130ml
配料	100% 橙汁 15ml，冰块适量
糖浆	原味糖浆 30ml，柠檬汁 10ml
装饰	橙子片 1 片，柠檬片 2 片

步骤

1. 将大吉岭红茶放入茶壶中，注入沸水，浸泡 5 分钟。

2. 将泡好的大吉岭红茶用茶漏滤入茶杯中，冷却至常温。

3. 取一个玻璃杯，倒入原味糖浆、柠檬汁和橙汁，搅拌均匀。

4. 玻璃杯中加满冰块，再倒入冷却好的大吉岭红茶。

5. 将橙子片和柠檬片放入玻璃杯中做装饰。

迪尔玛牌芒果草莓味红茶是芒果香和草莓香浓郁的调味红茶。这款茶饮用芒果和草莓做装饰，更加能感受到浓郁的水果香气。

COOL

芒果草莓冰茶

材料

基底　芒果草莓味红茶包（迪尔玛牌）
　　　1 个，沸水 150ml
配料　冰块适量
糖浆　原味糖浆 20ml，柠檬汁 5ml
装饰　芒果片 5 片，草莓片 3 片，圆叶
　　　薄荷 1 小株

步骤

1. 将芒果草莓味红茶包放入茶壶中，注入沸水，浸泡 5 分钟。

2. 将泡好的草莓味红茶倒入茶杯中，冷却至常温。

3. 取一个玻璃杯，倒入原味糖浆和柠檬汁，搅拌均匀。

4. 玻璃杯中加满冰块，倒入冷却好的芒果草莓味红茶。

5. 放入芒果片、草莓片和圆叶薄荷做装饰。

COOL

玫瑰蔓越莓冰茶

这是一款用蔓越莓汁和玫瑰红茶制成的冰茶，散发着淡淡玫瑰香，放上一片玫瑰花瓣做装饰，增添了浪漫的气息。

材料

基底 玫瑰包种红茶（福特纳姆梅森牌）或玫瑰红茶 1 茶匙（2g），沸水 150ml

配料 蔓越莓汁 30ml，冰块适量

糖浆 原味糖浆 15ml

装饰 青柠片 1 片，玫瑰花瓣 1 片

※ 可用蓝莓薰衣草糖浆（做法见第 17 页）代替原味糖浆。

步骤

1. 将玫瑰包种红茶放入茶壶中，注入沸水，浸泡 5 分钟。再将泡好的玫瑰包种红茶用茶漏滤入茶杯中，冷却至常温。

2. 取一个玻璃杯，倒入原味糖浆和蔓越莓汁，搅拌均匀。

3. 玻璃杯中加满冰块，倒入冷却好的玫瑰包种红茶。

4. 放入青柠片和玫瑰花瓣做装饰。

这是一款能够让人同时品尝到柠檬冰沙和伯爵红茶的饮品。伯爵红茶的佛手柑香气和柠檬的香气融合在一起，形成了独特的味道和香气。

COOL

柠檬伯爵冰红茶

材料

基底　伯爵红茶 1 茶匙（2g），沸水
　　　150ml
配料　冰块适量
糖浆　原味糖浆 45ml，柠檬汁 30ml
装饰　柠檬片 1 片，胡椒薄荷 1 小株

※ 可用伯爵红茶糖浆（做法见第 24 页）代替原味糖浆。

步骤

1. 将伯爵红茶放入茶壶中，注入沸水，浸泡 5 分钟。再将泡好的伯爵红茶用茶漏滤入茶杯中，冷却至常温。

2. 将原味糖浆、柠檬汁和冰块倒入搅拌机中搅拌，直至冰块碎成冰沙。

3. 取一个玻璃杯，倒入步骤 2 制成的柠檬冰沙和冷却好的伯爵红茶，再放入柠檬片和胡椒薄荷做装饰。

五味子肉桂红茶

五味子因为同时含有甜、苦、酸、辣、咸五种味道而得名，可以制成五味子清。具有肉桂香气的圣诞红茶和五味子是绝配。

材料

基底　圣诞红茶（玛黑兄弟牌肉桂味红茶）1 茶匙（2g），沸水 120ml

配料　冰块适量（制作冷茶时用到）

糖浆　五味子清 30ml

装饰　柠檬片 1 片，肉桂 1 根

步骤

Cool

1. 将圣诞红茶放入茶壶中，注入沸水，浸泡 5 分钟。

2. 将泡好的圣诞红茶用茶漏滤入茶杯中，冷却至常温。

3. 取一个雪克壶，倒入五味子清和冷却好的圣诞红茶。

4. 雪克壶中加满冰块，用力摇晃 8~10 秒。

5. 取一个玻璃杯，放入冰块，再倒入步骤 4 制成的混合物。

6. 放入柠檬片和肉桂做装饰。

Hot

1. 将适量沸水（材料用量外）倒入茶杯和茶壶中，进行预热。再倒出沸水。

2. 将圣诞红茶放入茶壶中，注入 150ml 沸水，浸泡 5 分钟。

3. 另取一个茶杯，将泡好的圣诞红茶用茶漏滤入茶杯中，放置一边备用。

4. 在步骤 1 预热好的茶杯中倒入五味子清。

5. 将泡好的圣诞红茶倒入步骤 4 的杯中，搅拌均匀。

6. 放入柠檬片和肉桂做装饰。

COOL

草莓冰茶

这是一款主要用草莓果泥制成的冰茶。用果泥代替糖浆或果汁来制作冰茶，既提升了口感，又保留了鲜果汁的风味。

材料

基底　草莓味红茶包 1 个，草莓 4 个，沸水 150ml

配料　冰块适量

糖浆　原味糖浆 20ml

装饰　圆叶薄荷 1 小株

※ 可用草莓糖浆（做法见第 18 页）代替原味糖浆。

步骤

1. 将草莓味红茶包放入茶壶中，注入沸水，浸泡 5 分钟。再将泡好的草莓味红茶倒入茶杯中，冷却至常温。

2. 在搅拌机中放入 3 个草莓和原味糖浆，打成草莓果泥。

3. 取一个玻璃杯，加满冰块，倒入冷却好的草莓味红茶。将剩余的 1 个草莓切成片，放入玻璃杯中。

4. 再将草莓果泥倒入玻璃杯中，放入圆叶薄荷做装饰。

蓝莓味红茶搭配芒果汁，可以让这款茶饮带有浓郁的热带风情。香草糖浆的加入，使味道更为香甜。一颗颗蓝莓仿佛镶嵌在冰块之间，视觉效果别具一格。

COOL
蓝莓芒果冰茶

材料

基底　蓝莓味红茶包 1 个，沸水 150ml
配料　芒果汁 30ml，冰块适量
糖浆　香草糖浆 10ml
装饰　蓝莓 10 颗

※ 可用蓝莓薰衣草糖浆（做法见第 17 页）代替香草糖浆。

步骤

1. 将蓝莓味红茶包放入茶壶中，注入沸水，浸泡 5 分钟。

2. 将泡好的草莓味红茶倒入茶杯中，冷却至常温。

3. 取一个玻璃杯，倒入香草糖浆和芒果汁，搅拌均匀。

4. 玻璃杯中加满冰块，再倒入冷却好的蓝莓味红茶。

5. 将蓝莓放入玻璃杯中做装饰。

蜂蜜葡萄柚锡兰红茶

这款茶饮是咖啡馆人气饮品——在葡萄柚柠檬红茶的基础之上改良而来的，口感特别。饮用后，口中充盈着葡萄柚的香气，还略带微苦的余味。如果没有葡萄柚清，可以用葡萄柚糖浆代替。

材料

基底　锡兰红茶 1 茶匙（2g），沸水 150ml
配料　冰块适量（制作冷茶时用到）
糖浆　葡萄柚清 30ml，蜂蜜 15ml
装饰　葡萄柚片 1 片

※ 可用葡萄柚糖浆（做法见第 15 页）代替葡萄柚清。

步骤

Cool　1.　将锡兰红茶放入茶壶中，注入沸水，浸泡 5 分钟。

　2.　将泡好的锡兰红茶用茶漏滤入茶杯中，冷却至常温。

　3.　取一个玻璃杯，倒入葡萄柚清和蜂蜜，搅拌均匀。

　4.　玻璃杯中加满冰块，倒入冷却好的锡兰红茶。

　5.　放入葡萄柚片做装饰。

Hot　1.　将适量沸水（材料用量外）注入茶杯和茶壶中，进行预热。再倒出沸水。

　2.　将锡兰红茶放入茶壶中，注入 150ml 沸水，浸泡 5 分钟。

　3.　另取一个茶杯，将泡好的锡兰红茶用茶漏滤入杯中，放置一边备用。

　4.　将葡萄柚清和蜂蜜倒入步骤 1 预热好的茶杯中，搅拌均匀。

　5.　将泡好的锡兰红茶倒入步骤 4 的杯中，放入葡萄柚片做装饰。

COOL 柠檬青柠罗勒冰茶

含有柠檬和青柠香的红茶，叠加上罗勒的香气，就是一款具有独特风味的红茶。品尝一下用水果味红茶和芳香植物制成的茶饮吧。

材料

基底 柠檬青柠味红茶包（迪尔玛牌）1 个，沸水 120ml

配料 冰块适量

糖浆 原味糖浆 30ml，罗勒叶 2 片，柠檬 1/2 个

装饰 柠檬片 1 片，罗勒叶 2 片

步骤

Cool　1.　将柠檬青柠味红茶包放入茶壶中，注入沸水，浸泡 5 分钟。

2.　将泡好的柠檬青柠味红茶倒入茶杯中，冷却至常温。

3.　取一个玻璃杯，将 1/2 个柠檬对半切开，和原味糖浆、2 片罗勒叶一起放入玻璃杯中，用捣棒碾碎。

4.　玻璃杯中加满冰块，倒入冷却好的柠檬青柠味红茶。

5.　放入 1 片柠檬片和 2 片罗勒叶做装饰。

伦敦迷雾

不要被名字所迷惑，这款茶饮的发源地并不是伦敦，而是加拿大。在香气浓郁的伯爵红茶表面，铺上一层奶泡，看起来好像笼罩的大雾，就像走在伦敦的街头，因而得名。和以蜂蜜、香草糖浆调制的基础款伦敦迷雾不同，薰衣草糖浆的加入，让这款饮品有了别样的味道。

材料

基底 伯爵红茶 2 茶匙（4g），沸水 120ml
配料 牛奶 100ml，冰块适量（制作冷茶时用到）
糖浆 薰衣草糖浆 10ml
装饰 伯爵红茶茶叶少许

步骤

Cool

1. 将伯爵红茶放入茶壶中，注入沸水，浸泡 5 分钟。

2. 将泡好的伯爵红茶用茶漏滤入茶杯中，冷却至常温。

3. 用手持电动奶泡器将牛奶打出奶泡。

4. 取一个玻璃杯，将薰衣草糖浆和冷却好的伯爵红茶倒入杯中，搅拌均匀。

5. 玻璃杯中加满冰块，铺上步骤 3 制作好的奶泡。在奶泡上撒上少许伯爵红茶茶叶做装饰。

Hot

1. 将适量沸水（材料用量外）倒入茶杯和茶壶中，进行预热。再倒出沸水。

2. 将伯爵红茶放入茶壶中，注入 120ml 沸水，浸泡 5 分钟。

3. 另取一个茶杯，将泡好的伯爵红茶用茶漏滤入杯中，放置一边备用。

4. 将牛奶全部倒入牛奶杯中，放入微波炉中加热 30 秒，然后用手持电动奶泡器将牛奶打出奶泡。

5. 将泡好的伯爵红茶和薰衣草糖浆倒入步骤 1 预热好的茶杯中，搅拌均匀。铺上步骤 3 制作好的奶泡。撒上少许伯爵红茶茶叶做装饰。

COOL

奶盖红茶

这款茶饮又称芝士茶，拥有超高的人气。在红茶上铺上奶盖，味道咸甜。除了以红茶做基底外，还可以用绿茶、乌龙茶等。

材料

基底 英式早餐红茶 1 茶匙（2g），沸水 150ml

配料 冰块适量

糖浆 原味糖浆 15ml

装饰 奶盖（淡奶油 150ml，牛奶 120ml，炼乳 5g，盐 2g，糖 3g，奶油奶酪 5g）

※ 可用伯爵红茶糖浆（做法见第 24 页）代替原味糖浆。

步骤

1. 将奶盖材料放入不锈钢盆，搅拌成奶盖。

2. 将英式早餐红茶放入茶壶中，注入沸水，浸泡 5 分钟。再将泡好的英式早餐红茶用茶漏滤入茶杯中，冷却至常温。

3. 取一个玻璃杯，倒入原味糖浆，加满冰块。再倒入冷却好的英式早餐红茶。最后铺上奶盖。

这是一款味道独特的奶茶，饮用后，口中弥漫着酸甜的苹果香气。苹果片的加入，为这款饮品的外观起到了画龙点睛的作用。

COOL

香草苹果摇摇奶茶

材料

基底　苹果味红茶包 1 个，沸水 120ml
配料　冰块适量，香草冰激凌 3 球 (170g)
装饰　苹果片 2 片

步骤

1. 将苹果味红茶包放入茶壶中，注入沸水，浸泡 5 分钟。

2. 将泡好的苹果味红茶倒入茶杯中，冷却至常温。

3. 取一个雪克壶，放入香草冰激凌和冷却好的苹果味红茶。再加满冰块，用力摇晃 8~10 秒。

4. 取一个玻璃杯，加满冰块，倒入步骤 3 制作好的混合物。将 2 片苹果片切成 4 片半月形，沿着杯口竖着插入玻璃杯中做装饰。

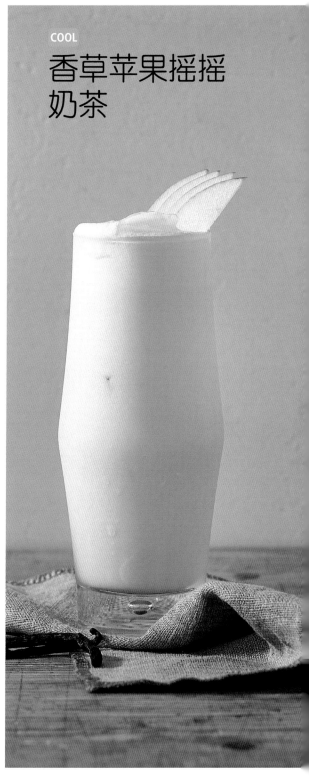

COOL

马可波罗红茶巧克力冰激凌汽水

冰激凌汽水是被称作"漂浮冰激凌"的饮品，1874 年发明于美国费城。制作这款饮品时，用马可波罗红茶做基底非常适合。

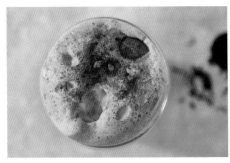

材料

基底　马可波罗红茶（玛黑兄弟牌）1 茶匙（2g），沸水 80ml

配料　气泡水 1 瓶（500ml），巧克力冰激凌 3 球（170g）

装饰　可可粉适量

步骤

1. 将马可波罗红茶放入茶壶中，注入沸水，浸泡 5 分钟。

2. 将泡好的马可波罗红茶用茶漏滤入茶杯中，冷却至常温。

3. 取一个玻璃杯，将 1 球巧克力冰激凌放入杯中，再倒入冷却好的马可波罗红茶。

4. 将 2 球巧克力冰激凌放入玻璃杯中，再倒入气泡水，直至倒满。

5. 撒上可可粉做装饰。

这款奶茶具有香甜草莓风味。用草莓味红茶做基底，能弥补新鲜草莓所欠缺的香气。

COOL

草莓奶茶

材料

基底　草莓味红茶 1 茶匙（2g），沸水 80ml
配料　牛奶 120ml，冰块适量
糖浆　草莓 1½ 个，原味糖浆 20ml
装饰　草莓 1/2 个

※ 可用草莓糖浆（做法见第 18 页）代替原味糖浆。

步骤

1.　将草莓味红茶放入茶壶中，注入沸水，浸泡 5 分钟。

2.　将泡好的草莓味红茶用茶漏滤入茶杯中，冷却至常温。

3.　取一个玻璃杯，倒入原味糖浆和 1½ 个草莓，用捣棒碾碎。

4.　将冷却好的草莓味红茶倒入玻璃杯中，搅拌均匀。玻璃杯中加满冰块，再倒入牛奶，直至倒满。

5.　将 1/2 个草莓插在杯沿上做装饰。

棉花糖马萨拉茶拿铁

马萨拉茶是印度具有代表性的奶茶之一，是在红茶中加入香辛料和牛奶制作而成的。相比传统奶茶，马萨拉茶的味道尤为浓郁。在这里，我们将茶泡得味道淡一点，搭配烤过的棉花糖饮用。

材料

基底 马萨拉茶包 2 个，沸水 100ml
配料 牛奶 100ml，冰块适量（制作冷茶时用到）
糖浆 白砂糖适量
装饰 棉花糖 3 个

步骤

Cool

1. 将马萨拉茶包放入茶壶中，注入沸水，浸泡 5 分钟。

2. 将泡好的马萨拉茶倒入茶杯中，冷却至常温。

3. 用手持电动奶泡器将牛奶打出奶泡。

4. 取一个玻璃杯，加满冰块，再倒入冷却好的马萨拉茶。根据个人口味，加入适量白砂糖。

5. 铺上步骤 3 打好的奶泡，再放上棉花糖，用喷枪烤制。

Hot

1. 将适量沸水（材料用量外）注入茶壶和茶杯中，进行预热。再倒出沸水。

2. 将马萨拉茶包放入预热好的茶壶中，注入 100ml 沸水，浸泡 5 分钟。

3. 另取一个茶杯，将泡好的马萨拉茶倒入杯中，放置一边备用。

4. 将牛奶倒入牛奶杯中，放入微波炉中加热 30 秒。

5. 用手持电动奶泡器将热好的牛奶打出奶泡。

6. 将泡好的马萨拉茶倒入步骤 1 预热好的茶杯中。根据个人口味，加入适量白砂糖。

7. 铺上步骤 5 打好的奶泡，再放上棉花糖，用喷枪烤制。

HOT

鸳鸯奶茶

鸳鸯奶茶是在红茶中加入咖啡和炼乳调制而成的。茶与咖啡相互交融，就像一对恩爱的鸳鸯，因此而得名。

材料

基底　英式早餐红茶 2 茶匙（4g），沸水 150ml

配料　意式浓缩咖啡 15ml，牛奶 60ml，
糖浆　炼乳 30ml

装饰　英式早餐红茶茶末少许

步骤

1. 将适量沸水（材料用量外）注入茶壶和玻璃杯中，进行预热。再倒出沸水。将英式早餐红茶放入预热好的茶壶中，注入 150ml 沸水，浸泡 5 分钟。

2. 取一个茶杯，将泡好的英式早餐红茶用茶漏滤入杯中，放置一边备用。将牛奶倒入牛奶杯中，放入微波炉中加热 20 秒。

3. 将炼乳、意式浓缩咖啡、泡好的英式早餐红茶和热好的牛奶倒入步骤 1 预热好的杯中。撒上少许英式早餐红茶茶末做装饰。

在冰激凌上倒上泡好的茶，就制成了阿芙佳朵。如果想喝味道浓的茶饮，可以在皇家婚礼红茶中混入阿萨姆红茶。

COOL

皇家婚礼阿芙佳朵

材料

基底 皇家婚礼红茶（玛黑兄弟牌，麦芽味/巧克力味/焦糖味）2茶匙（4g），沸水120ml

配料 香草冰激凌3球（170g）

装饰 黑巧克力适量

步骤

1. 将皇家婚礼红茶放入茶壶中，注入沸水，浸泡5分钟。

2. 将泡好的皇家婚礼红茶用茶漏滤入茶杯中，冷却至常温。

3. 取一个冰激凌玻璃杯，放入香草冰激凌。用刨丝刀将黑巧克力刨成碎屑，撒在冰激凌上。

4. 将冷却好的茶一点一点地倒在冰激凌上，待冰激凌稍微融化，即制作完成。

COOL 莓果大吉岭奶茶

这款奶茶从颜色到口味，都和传统奶茶有很大不同。它是用大吉岭红茶、混合莓果和淡奶油制作而成的。淡奶油的加入，创造出奶昔的口感。

材料

基底　大吉岭红茶 1 茶匙（2g），沸水 90ml
配料　淡奶油 30ml，冰块适量
糖浆　冷冻混合莓果 2 汤匙（20g），原味糖浆 20ml
装饰　黑莓 3 颗，圆叶薄荷 1 小株

※ 可用黑加仑糖浆（做法见第 19 页）代替原味糖浆。

步骤

Cool

1. 将大吉岭红茶放入茶壶中，注入沸水，浸泡 5 分钟。

2. 将泡好的大吉岭红茶用茶漏滤入茶杯中，冷却至常温。

3. 取一个雪克壶，放入冷冻混合莓果、淡奶油和原味糖浆，用捣棒碾碎。

4. 将冷却好的大吉岭红茶倒入雪克壶中，放入一部分冰块，用力摇晃 8~10 秒。

5. 取一个玻璃杯，放入剩余冰块和步骤 4 制作好的混合物。

6. 用鸡尾酒叉将黑莓串在一起，放在杯口顶端，再放入圆叶薄荷做装饰。

COOL HOT 巧克力伯爵奶茶

乍一看，这款茶饮像是巧克力饮品，但其实是有着巧克力味道的伯爵奶茶。伯爵红茶的佛手柑香气和巧克力的香甜味尤为搭配，这款茶饮无论做成冷茶，还是热茶都很好喝。

材料

基底 伯爵红茶 1 茶匙（2g），沸水 120ml
配料 牛奶 100ml，冰块适量（制作冷茶时用到）
糖浆 巧克力酱 20ml，可可粉 1 汤匙（10g）

步骤

Cool

1. 将伯爵红茶放入茶壶中，注入沸水，浸泡 5 分钟。

2. 将泡好的伯爵红茶用茶漏滤入茶杯中，冷却至常温。

3. 取一个玻璃杯，倒入巧克力酱、可可粉和 30ml 冷却好的伯爵红茶，搅拌均匀。

4. 将剩余伯爵红茶倒入步骤 3 制作好的混合物中，再加满冰块。

5. 将牛奶倒入步骤 4 的杯中。

Hot

1. 在茶壶和茶杯中注入适量沸水（材料用量外），进行预热。再倒出沸水。

2. 将伯爵红茶放入预热好的茶壶中，注入 120ml 沸水，浸泡 5 分钟。

3. 另取一个茶杯，将泡好的伯爵红茶用茶漏滤入杯中，放置一边备用。

4. 将牛奶倒入牛奶杯中，放入微波炉中加热 30 秒，再用手持电动奶泡器将牛奶打出奶泡。

5. 在步骤 1 预热好的茶杯中倒入巧克力酱、可可粉和泡好的伯爵红茶，搅拌均匀。

6. 将步骤 4 制作好的奶泡倒入步骤 5 的杯中。

COOL

迷迭香柠檬气泡茶

柠檬青柠味红茶中加入迷迭香和雪碧等，制成了这款风味独特的气泡茶。红茶与新鲜的迷迭香搭配，散发出浓郁的芳香植物香气。

材料

基底 柠檬青柠味红茶包（迪尔玛牌）1 个，沸水 130ml

配料 雪碧 100ml，冰块适量

糖浆 原味糖浆 30ml，柠檬汁 15ml，迷迭香 2 小株

装饰 柠檬片 1 片

※ 可用迷迭香糖浆（做法见第 20 页）代替原味糖浆。

步骤

1. 将柠檬青柠味红茶包放入茶壶中，注入沸水，浸泡 5 分钟。

2. 将泡好的柠檬青柠味红茶倒入茶杯中，冷却至常温。

3. 取一个玻璃杯，倒入原味糖浆、柠檬汁和迷迭香，并用捣棒碾压。

4. 玻璃杯中加满冰块，倒入雪碧和冷却好的柠檬青柠味红茶。放入柠檬片做装饰。

这款茶饮用伯爵红茶糖浆做基底，品尝时能够感受到浓郁的茶香。伯爵红茶糖浆虽然是糖浆，但兼具茶香和茶味，适合制成茶饮。

COOL
伯爵气泡茶

材料

基底　伯爵红茶糖浆 30ml
配料　苹果汁 30ml、气泡水 1 瓶
　　　（500ml），冰块适量
装饰　圆叶薄荷 1 小株

步骤

1. 将伯爵红茶糖浆和苹果汁倒入玻璃杯中，搅拌均匀。

2. 玻璃杯中加满冰块，再倒入气泡水，直至倒满。

3. 插入圆叶薄荷做装饰。

COOL

苹果莓果气泡茶

苹果和莓类水果适合制作夏季饮品。这款茶饮用苹果味红茶做基底，再加入冷冻混合莓果，充满水果香气。

材料

基底　苹果味红茶包 2 个
配料　气泡水 200ml，冰块适量
糖浆　原味糖浆 20ml
装饰　冷冻混合莓果 1 汤匙（10g）

※ 需事先准备适量沸水用于浸泡茶包。
※ 可用苹果糖浆（做法见第 16 页）代替原味糖浆。

步骤

1. 将苹果味红茶包放入适量沸水中浸泡 15 秒后取出，放入瓶装气泡水中，拧紧盖子，倒置在冰箱中冷藏 8~12 个小时。

2. 取一个玻璃杯，倒入原味糖浆，再倒入一部分冰块，直至杯子的 1/2 处。

3. 玻璃杯中放入冷冻混合莓果，再用冰块填满。

4. 将步骤 1 制作好的苹果味红茶气泡茶倒入玻璃杯中。

这款茶饮用川宁牌调味红茶做基底，加入菠萝汁和椰子水，散发着浓浓的热带风情。

COOL
热带水果气泡茶

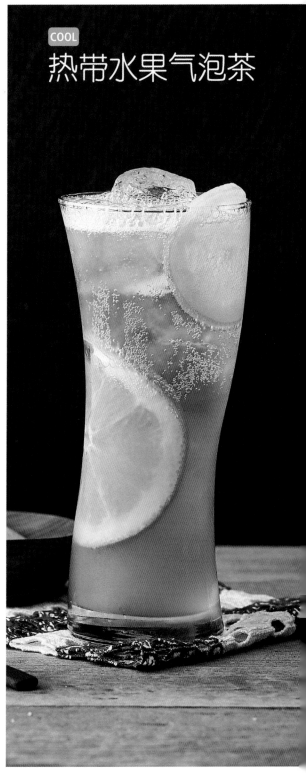

材料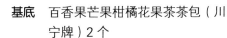

基底 百香果芒果柑橘花果茶茶包（川宁牌）2 个

配料 菠萝汁 30ml，椰子水 20ml，气泡水 200ml，冰块适量

糖浆 原味糖浆 15ml

装饰 橙子片 1 片，柠檬片 1 片

步骤

1. 将百香果芒果柑橘花果茶茶包放入沸水中浸泡 15 秒后取出，放入瓶装气泡水中，拧紧盖子，倒置在冰箱中，冷藏 8~12 个小时。

2. 取一个玻璃杯，倒入原味糖浆、菠萝汁和椰子水，搅拌均匀。

3. 玻璃杯中加满冰块，倒入步骤 1 制作好的百香果芒果柑橘花果气泡茶。

4. 放入橙子片和柠檬片做装饰。

COOL
苹果肉桂冰茶

这款苹果肉桂冰茶是在圣诞红茶中加入了苹果味气泡水制作而成的。还可以用其他调味红茶做基底，味道也不错。

材料

基底	圣诞红茶（玛黑兄弟牌肉桂味红茶）1 茶匙（2g），沸水 80ml
配料	苹果味气泡水 1 瓶（355ml），冰块适量
糖浆	原味糖浆 15ml
装饰	苹果片 2 片，肉桂 1 根

※ 可用苹果糖浆（做法见第 16 页）代替原味糖浆。

步骤

1. 将圣诞红茶放入茶壶中，注入沸水，浸泡 5 分钟。

2. 将泡好的圣诞红茶用茶漏滤入茶杯中，冷却至常温。

3. 取一个玻璃杯，倒入原味糖浆和冷却好的圣诞红茶，搅拌均匀。

4. 玻璃杯中加满冰块，倒入苹果味气泡水，直至倒满。

5. 放入苹果片和肉桂做装饰。

这是一款用蜜桃味红茶和橘子汁制成的气泡茶。蜜桃味红茶中加入酸甜的橘子汁，散发清爽的味道。

材料

基底　蜜桃味红茶包 1 个，沸水 100ml
配料　100% 纯橘子汁 45ml，气泡水 1 瓶
　　　　（500ml），冰块适量
糖浆　原味糖浆 20ml
装饰　橘子果肉 4 瓣

步骤

1. 将蜜桃味红茶包放入茶壶中，注入沸水，浸泡 5 分钟。

2. 将泡好的蜜桃味红茶倒入茶杯中，冷却至常温。

3. 取一个玻璃杯，倒入原味糖浆和橘子汁，搅拌均匀。

4. 玻璃杯中加满冰块，倒入冷却好的蜜桃味红茶。

5. 将气泡水倒入玻璃杯中，直至倒满。再放入橘子果肉做装饰。

COOL
橘子蜜桃气泡茶

COOL
冰葡萄酒气泡茶

这是一款有着葡萄香气的气泡茶，是用冰酒红茶和青葡萄汁制成的。冰酒红茶是红茶中为数不多的有葡萄香气的红茶，浓郁的葡萄香和红茶尤为搭配。

材料

基底　冰酒红茶（曼斯纳牌青葡萄味红茶）1 茶匙（2g），沸水 80ml

配料　青葡萄汁 30ml，雪碧 100ml，冰块适量

糖浆　原味糖浆 10ml

装饰　青葡萄 4 颗

步骤

1. 将冰酒红茶放入茶壶中，注入沸水，浸泡 5 分钟。

2. 将泡好的冰酒红茶用茶漏滤入茶杯中，冷却至常温。

3. 取一个玻璃杯，倒入原味糖浆和青葡萄汁，搅拌均匀。

4. 玻璃杯中加满冰块，倒入雪碧。再将青葡萄对半切开，放入玻璃杯中。

5. 将冷却好的冰酒红茶倒入玻璃杯中。

这是一款独具魅力的红茶，葡萄柚味红茶中加入葡萄柚味气泡水，让这款茶饮散发着浓郁的葡萄柚香味。

COOL

葡萄柚约会气泡茶

材料

基底 葡萄柚味红茶 1 茶匙（2g），沸水 80ml

配料 葡萄柚味气泡水 1 瓶（355ml），冰块适量

糖浆 原味糖浆 15ml

装饰 葡萄柚片 2 片，圆叶薄荷 1 小株

※ 可用葡萄柚糖浆（做法见第 15 页）代替原味糖浆。

步骤

1. 将葡萄柚味红茶放入茶壶中，注入沸水，浸泡 5 分钟。

2. 将泡好的葡萄柚味红茶用茶漏滤入茶杯中，冷却至常温。

3. 取一个玻璃杯，倒入原味糖浆和冷却好的葡萄柚味红茶，并搅拌均匀。

4. 玻璃杯中加满冰块，倒入葡萄柚味气泡水，直至倒满。放入葡萄柚片和圆叶薄荷做装饰。

COOL

烟熏橙子气泡茶

正山小种，又被称为拉普山小种，散发着烟熏香气，是中国最著名的红茶之一。橙汁和具有烟熏香味的正山小种相遇，产生了独特的魅力。

材料

基底 正山小种红茶 2½ 茶匙（5g）

配料 100% 纯橙汁 45ml，气泡水 1 瓶 200ml，冰块适量

糖浆 原味糖浆 10ml

装饰 橙子皮 1 块

※ 需事先准备适量沸水用于浸泡茶包。

步骤

1. 将正山小种红茶放入适量沸水中浸泡 15 秒后用茶漏滤出，放入瓶装气泡水中，拧紧盖子，倒置在冰箱中，冷藏 8~12 个小时。

2. 取一个玻璃杯，倒入橙汁和原味糖浆，搅拌均匀。

3. 玻璃杯中加满冰块，将步骤 1 制作好的正山小种红茶气泡茶用茶漏滤入玻璃杯中。

4. 将橙子皮卷起来，放入玻璃杯中做装饰。

锡兰红茶气泡茶搭配柠檬清，是这款茶饮的亮点。不需要特别的材料，加入酸酸甜甜的柠檬清，就可以制成好喝的饮品。

COOL
柠檬气泡茶

材料

基底　锡兰红茶 1 茶匙（2g）
配料　气泡水 180ml，冰块适量
糖浆　柠檬清 30ml
装饰　柠檬片 1 片

※ 需事先准备适量沸水用于浸泡茶叶。
※ 可用迷迭香糖浆（做法见第 20 页）代替柠檬清。

步骤

1. 将锡兰红茶放入适量沸水中浸泡 15 秒后用茶漏滤出，放入瓶装气泡水中，拧紧盖子，倒置在冰箱中，冷藏 8~12 个小时。

2. 取一个玻璃杯，倒入柠檬清，再加满冰块。

3. 将步骤 1 制作好的锡兰红茶气泡茶倒入玻璃杯中。若想增强碳酸的口感，可将锡兰红茶气泡茶放入冰箱冷藏 30 分钟左右。

4. 放入柠檬片做装饰。

第三章
[花草茶 +]

芳香植物的英语单词"herb"源于拉丁语"erba"，在古代为香气和药草之意。与用茶叶制成的绿茶、红茶不同，花草茶是将具有香气或具有药性的芳香植物的叶子、花、果实等晒干后混合而成的。每一种花草茶都具有鲜明的特色，用它们来做茶饮的基底，效果极佳，能让人轻易地感受到芳香植物的香气。

+ 气泡水

+ 果汁

+ 乳制品

[花草茶的基础]

花草茶，代表着治愈

　　牛津英语词典将芳香植物定义为"茎、叶可以食用和做药用的，或可用于提炼香味的植物"。虽然芳香植物的茎、叶、花、果实、根都可以使用，但对于常见的芳香植物（薄荷、迷迭香、百里香、罗勒等）来说，我们主要使用其茎和叶。除此之外，还有其他用于制作花草茶的芳香植物，如薰衣草、茉莉花、洋甘菊、洛神花和玫瑰等。这些由芳香植物制成的茶产品，都可以称为花草茶。

新鲜芳香植物 vs 干芳香植物

　　用于制作花草茶的芳香植物可分为新鲜芳香植物和干芳香植物。新鲜芳香植物的香气比较清新，而干芳香植物的香气则比较浓郁。因此，干芳香植物更适合用来做茶饮的基底。由单一种类的芳香植物制成的花草茶被称作单一种类花草茶，而由芳香植物与芳香植物、水果、香辛料混合制成的茶，则被称为混合花草茶。

花草茶的制作：自然干燥 vs 人工干燥

　　尽管新鲜芳香植物可以在市面上购得，但也可以在家自己种植，这样当制作茶饮的时候，就可以随时取用了。制作干芳香植物时，可以让新鲜芳香植物自然干燥或使用食品烘干机将其干燥。但对于叶片较薄的芳香植物，建议将其自然干燥。在自然干燥时，如果植物的叶片较小，可以将整株洗净后倒挂起来干燥；如果叶片较大，可以将叶片摘下来，洗净，沥干水分，摊开放在篮子里干燥。注意要避开阳光直射，选择通风良好的地方，干燥一个星期左右。待成品用手摸时容易碎裂，就表明干燥完成了。

花草茶的保存方法：密闭容器、阴凉处

　　花草茶和一般的茶不同，它的香气很容易挥发，商家一般会用密封袋包装后进行销售。如果在家中保存，应该将花草茶放置在密封袋或密闭容器内，以保持其香气。同时，要避免阳光直射，最好将其放在通风较好的阴凉处进行保存。如果长期暴露在阳光下，花草茶中的有效成分容易氧化，如果存放环境温度过高，花草茶的颜色会变淡。

花草茶的种类：具有代表性的七款花草茶

迷迭香茶

迷迭香因具有强大的杀菌作用，古希腊、古埃及人将其视为神圣的药草。迷迭香带有清新的松木香味，适合用来制作口感清爽的饮品。

胡椒薄荷茶

胡椒薄荷是由水薄荷和绿薄荷杂交而成的。胡椒薄荷特有的香气，并不是所有人都喜欢，但想让饮品拥有清凉的口感，它是不可缺的材料。

洋甘菊茶

洋甘菊是具有苹果香气的菊科植物，因此被称为"地面上生长的苹果"，人类使用洋甘菊当作药草已有 5000 年的历史。洋甘菊具有安神助眠的作用，非常适合在睡前饮用。

薰衣草茶

薰衣草的英文单词"lavandula"来源于拉丁语"lavo"，有"清洗"之意。在古罗马，薰衣草被用作沐浴剂使用，香气芬芳。现在，它多被制成干薰衣草、薰衣草精油等。薰衣草的香气十分浓郁，少量使用即可达到很好的效果。薰衣草茶具有舒解压力、安定神经、促进食欲和养颜美肤等功效。

洛神花茶

洛神花茶的茶汤呈大红色，喝起来有清新的酸味。洛神花茶富含维生素 C，具有消除疲劳、延缓衰老、预防动脉硬化等功效，通常用于制成热茶。

玫瑰果茶

玫瑰果是野生玫瑰的果实，其维生素 C 的含量是柠檬的 10 倍。如果想提高维生素 C 的吸收率，可以与蜂蜜搭配在一起饮用。此外，玫瑰果和洛神花茶也适合搭配在一起饮用。

柠檬草茶

柠檬草茶因散发着柠檬香气而闻名。因其含有大量柠檬醛，所以会散发柠檬香气。柠檬草茶具有健脾健胃、缓解腹痛、滋养皮肤等功效。

醇香花草茶的浸泡公式：2g · 100℃ · 300~400ml · 5 分钟

浸泡花草茶的最佳水温：100℃

　　每一种花草茶各自都有鲜明的特性，香气也各不相同，但浸泡方式却完全相同——用沸水浸泡 5 分钟左右。不同于绿茶和红茶的浸泡越久，苦味、涩味越重，花草茶的特点是即使浸泡很久，也不会产生涩味。除了马黛茶以外，大部分花草茶都不含咖啡因，因此不受浸泡时间的影响，可以随时饮用。

茶包 vs 叶片茶

　　花草茶茶包中芳香植物的含量并不多，如果想要炮制气味浓郁的花草茶，最好一次泡 2 个茶包。但如果是炮制像薰衣草这样香味较浓的花草茶，一次使用 1 个茶包就足够了。浸泡花草茶时，以 2g 为例，需要用 300 ~ 400ml 的沸水浸泡 5 分钟以上。注意不要泡得太久，否则花草茶茶叶会发胀，颜色也会褪去。

用作基底的花草茶

　　用来制作基底的花草茶必须泡得浓一些，与浸泡纯花草茶相比，需要减少使用 1/3 左右的水量。以 2g 花草茶为例，请使用 100 ~ 150ml 的沸水浸泡 5 分钟，就可以做成较浓的基底。若使用的花草茶带有花瓣，建议放入茶漏内浸泡，以防花瓣掉落。

[花草茶的完美组合]

花草茶 + 果汁

　　花草茶和果汁搭配，味道极佳。在花草茶基底中加入果汁，其香气和味道都会变得丰富起来。不同种类的花草茶也可以相互混搭，比如洛神花和玫瑰果就很适合搭配在一起。但在搭配时，注意使用的种类不要太多，以防止味道变得复杂。

花草茶 + 乳制品

　　通常，花草茶和乳制品是很少搭配在一起的，但其实两者出乎意料的融合。除了牛奶、淡奶油、冰激凌之外，花草茶和椰奶、杏仁奶也很搭，而且口味十分新颖。另外，花草茶除了自身有放松情绪的功效外，与牛奶搭配后，还多了暖胃的功效。

花草茶 + 气泡水

　　花草茶的种类繁多，浸泡后的颜色也多种多样，非常适合搭配透明的气泡水做成基底。根据花草茶各自味道的特征，将其与原味气泡水或有甜味的碳酸饮料搭配在一起，可以炮制出多种口味的花草茶气泡茶，散发出浓郁的香气。

［ 适合加入花草茶的材料 ］

　　花草茶是特征鲜明的茶品，不同种类的花草茶各自都有其适合搭配的材料。以下是适合与花草茶搭配的材料。

＋柠檬　柠檬是几乎和所有花草茶都很搭的水果，能为花草茶增添清新的香气。

＋青柠　青柠味道酸甜，还有些微苦和微涩，和花草茶很搭。如薄荷和青柠的相遇，就调制出经典饮品——莫吉托。

＋蜂蜜　拥有特别香气的蜂蜜和花草茶基底相遇，能让花草茶的香气更为丰富。蜂蜜和薰衣草茶、薄荷茶、鼠尾草茶等特别搭。

＋草莓　酸甜的草莓可以制作出味道清新的饮品，它和迷迭香茶、胡椒薄荷茶、薰衣草茶等特别搭。

＋伯爵红茶　伯爵红茶是以红茶为基底，加入佛手柑提取的香精特调而成的。伯爵红茶和花草茶很搭，推荐与薰衣草茶、胡椒薄荷茶、洋甘菊茶搭配饮用。

＋奶油　奶油不但可以使茶饮的口感变得柔和，还能使味道更为香浓。在花草茶中加入奶油，可以制成特别的饮品。

＋香草　香草特有的香甜气味提升了花草茶的香气，和薰衣草茶、胡椒薄荷茶、罗勒茶等搭配最佳。

COOL

青葡萄洋甘菊冰沙

青葡萄和洋甘菊是绝配。这是一款夏季冰沙饮品，用勺子舀着吃或待其慢慢融化后再饮用都可以。

材料

基底 洋甘菊茶 1 茶匙（2g），沸水 90ml

配料 青葡萄 10 颗，冰块适量

糖浆 原味糖浆 30ml，柠檬汁 10ml

装饰 青葡萄 3 颗，胡椒薄荷 1 小株

步骤

1. 将洋甘菊茶放入茶壶中，注入沸水，浸泡 5 分钟。再将泡好的洋甘菊茶用茶漏滤入茶杯中，冷却至常温。

2. 将 10 颗青葡萄、原味糖浆、柠檬汁、冷却好的洋甘菊茶、冰块倒入搅拌机搅拌，直至冰块完全碎成冰沙。

3. 取一个玻璃杯，倒入搅拌好的冰沙。将做装饰的 3 颗青葡萄用鸡尾酒叉串起来，和胡椒薄荷一起插入玻璃杯中做装饰。

向散发着柠檬香气的柠檬草茶中加橙子、葡萄柚、青柠，就制成了这款味道酸甜的茶饮。果汁和糖浆的加入，让这款茶饮的水果味更加浓郁。

材料

基底 柠檬草茶 2g，沸水 150ml
配料 橙汁 30ml，冰块适量
糖浆 葡萄柚糖浆 20ml，柠檬汁 10ml
装饰 柠檬片 1 片，青柠片 1 片

步骤

1. 将柠檬草茶放入茶壶中，注入沸水，浸泡 5 分钟。

2. 将泡好的柠檬草茶用茶漏滤入茶杯中，冷却至常温。

3. 取一个玻璃杯，倒入葡萄柚糖浆、柠檬汁和橙汁，搅拌均匀。

4. 玻璃杯中加满冰块，倒入冷却的柠檬草茶。

5. 放入柠檬片和青柠片做装饰。

COOL
柑橘乐园茶

COOL

热带洛神花茶

向色泽鲜红，味道酸甜的洛神花茶加入菠萝汁和芒果汁，就制成了这款极具异国风情的饮品。在外观方面，由果汁和花草茶呈现出的渐变效果也很特别。

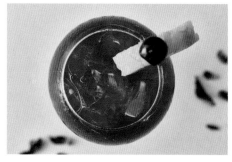

材料

基底	洛神花茶 1 茶匙（2g），沸水 150ml
配料	菠萝汁 30ml，芒果汁 30ml，冰块适量
糖浆	原味糖浆 20ml
装饰	菠萝片 1/4 片，糖渍樱桃 1 个

步骤

1. 将洛神花茶放入茶壶中，注入沸水，浸泡 5 分钟。

2. 将泡好的洛神花茶用茶漏滤入茶杯中，冷却至常温。

3. 取一个玻璃杯，倒入原味糖浆、菠萝汁和芒果汁，搅拌均匀。

4. 玻璃杯中加满冰块，倒入冷却好的洛神花茶。

5. 用鸡尾酒叉将菠萝片和糖渍樱桃穿起来，插在杯口处做装饰。

这是一款用莓果味花果茶搭配黑加仑糖浆制成的冰茶，可以让人尽情享受水果的酸甜。莓果味花果茶和蓝莓薰衣草糖浆也很配。

COOL

摇摇莓果茶

材料

基底 综合莓类花果茶 2 茶匙（4g），沸水 150ml

配料 冰块适量

糖浆 黑加仑糖浆 30ml

装饰 蓝莓 8 颗，胡椒薄荷 1 小株

步骤

1. 将综合莓类花果茶放入茶壶中，注入沸水，浸泡 5 分钟。

2. 将泡好的综合莓类花果茶用茶漏滤入茶杯中，冷却至常温。

3. 取一个玻璃杯，倒入黑加仑糖浆。

4. 玻璃杯中加满冰块，再倒入冷却好的综合莓类花果茶。

5. 放入蓝莓和胡椒薄荷做装饰。

HOT

柠檬草生姜茶

这是一款用柠檬草生姜茶调制而成的热茶。这款茶饮用了柠檬清作糖浆，味道酸甜，口感也很丰富。

材料

基底　柠檬草生姜茶 1 茶匙（2g），沸水 300ml
糖浆　柠檬清 30ml
装饰　柠檬片 1 片

步骤

1. 将柠檬草生姜茶放入茶壶中，注入沸水，浸泡 5 分钟。

2. 将泡好的柠檬草生姜茶用茶漏滤入茶杯中，放置一边备用。

3. 取一个玻璃杯，倒入柠檬清。

4. 将泡好的柠檬草生姜茶倒入步骤 3 的杯中。

5. 放入柠檬片做装饰。

散发着苹果香气的洋甘菊茶，适合用于制作苹果味茶饮的基底。疲惫时喝这款茶饮，不仅有助于缓解疲劳，还可以让不愉快的心情变好。

COOL

洋甘菊苹果茶

材料

基底 洋甘菊茶 1 茶匙（2g），沸水 150ml

配料 苹果汁 30ml，冰块适量

糖浆 原味糖浆 15ml

装饰 苹果片 1 片，新鲜百里香 3 小株

※ 可用苹果糖浆（做法见第 16 页）代替原味糖浆。

步骤

1. 将洋甘菊茶放入茶壶中，注入沸水，浸泡 5 分钟。

2. 将泡好的洋甘菊茶用茶漏滤入茶杯中，冷却至常温。

3. 取一个玻璃杯，倒入苹果汁和原味糖浆，搅拌均匀。

4. 玻璃杯中加满冰块，倒入冷却好的洋甘菊茶。

5. 将苹果片对半切开，和新鲜百里香一起放入杯中做装饰。

COOL
玫瑰莓果茶

散发着淡淡莓果香气的莓果茶中加入苹果汁和玫瑰糖浆，就成了一款味道清爽的茶饮。在茶饮表面放上一片玫瑰花瓣，可以增强视觉效果。

材料

基底 天然莓果茶包（迪尔玛牌混合莓果茶）1 个，沸水 150ml

配料 苹果汁 20ml，冰块适量

糖浆 玫瑰糖浆 20ml

装饰 冷冻混合莓果 1 汤匙（10g），玫瑰花瓣 1 片

※ 可用草莓糖浆（做法见第 18 页）代替玫瑰糖浆。

步骤

1. 将天然莓果茶包放入茶壶中，注入沸水，浸泡 5 分钟。

2. 将泡好的天然莓果茶倒入茶杯中，冷却至常温。

3. 取一个玻璃杯，倒入苹果汁和玫瑰糖浆，搅拌均匀。再放入半杯冰块和冷冻混合莓果。

4. 玻璃杯中继续加冰块，直至加满，然后倒入冷却好的莓果茶。在茶饮上放上玫瑰花瓣做装饰。

在用沸水泡好的花草茶中加人橙子、迷迭香和圆叶薄荷，片刻之后，水果和芳香植物的香气就会完全释放。请用心感受茶饮味道的变化吧。

HOT

花草茶热饮

材料

基底　综合花草茶 1½ 茶匙（3g），沸水 400ml

糖浆　柠檬清 60ml

装饰　柠檬片 1 片，橙子片 1 片，圆叶薄荷 2 小株，迷迭香 1 小株

步骤

1. 将综合花草茶放入茶壶中，注入沸水，浸泡 5 分钟。

2. 将泡好的综合花草茶用茶漏滤入茶杯中，放置一边备用。

3. 取一个醒酒瓶，依次放入柠檬清、柠檬片、橙子片、圆叶薄荷和迷迭香。

4. 将泡好的花草茶倒入醒酒瓶中，搅拌均匀。

HOT

香草洋甘菊茶

洋甘菊茶和肉桂非常适合搭配在一起制作茶饮，因为肉桂的香气可以弱化洋甘菊浓郁的气味，使茶饮的香气得到调和。而香草糖浆的加入，则能够让人感受到甜甜的香草气味。

材料

基底　洋甘菊茶 1 茶匙（2g），沸水
　　　　300ml
糖浆　香草糖浆 20ml
装饰　肉桂 1 根

步骤

1. 将洋甘菊茶放入茶壶中，注入沸水，浸泡 5 分钟。

2. 将泡好的洋甘菊茶用茶漏滤入茶杯中，放置一边备用。

3. 取一个玻璃杯，倒入香草糖浆。

4. 将泡好的洋甘菊茶倒入步骤 3 的杯中。

5. 放入肉桂做装饰。

薰衣草有减轻压力的功效，可以与蓝莓搭配在一起制成茶饮。如果没有蓝莓清，可以用蓝莓果酱代替。

COOL

蓝莓薰衣草摇摇茶

材料

基底　薰衣草茶 1 茶匙（1g），沸水
　　　120ml

配料　冰块适量

糖浆　蓝莓清 30ml，原味糖浆 10ml

装饰　蓝莓 7~8 颗，柠檬片 1 片

※ 可用蓝莓薰衣草糖浆（做法见第 17 页）代替原味糖浆。

步骤

1. 将薰衣草茶放入茶壶中，注入沸水，浸泡 5 分钟。

2. 取一个茶杯，将泡好的薰衣草茶用茶漏滤入茶杯中，冷却至常温。

3. 将蓝莓清、原味糖浆、冷却好的薰衣草茶倒入雪克壶中。再加满冰块，用力摇晃 8~10 秒。

4. 取一个玻璃杯，放满冰块，将蓝莓放入玻璃杯中。再倒入步骤 3 制作好的混合物，放入柠檬片做装饰。

薰衣草巧克力

这是一款香味非常特别的巧克力饮品，浓郁的巧克力香味中隐隐地藏着丝许薰衣草的香气。这款饮品的制作方法比较简单，是以薰衣草糖浆为基底制作而成的。

材料

基底 薰衣草糖浆 15ml
配料 牛奶 250ml， 冰块适量（制作冷茶时用到）
糖浆 巧克力酱 30ml，可可粉 2 汤匙（20g）

步骤

Cool

1. 将薰衣草糖浆、巧克力酱和可可粉倒入玻璃杯中。
2. 倒入少许牛奶，搅拌均匀，再在杯中加满冰块。
3. 将剩余牛奶用手持电动奶泡器打出奶泡。
4. 将打好的奶泡铺在步骤 2 制作好的饮品上即可。

Hot

1. 将牛奶倒入牛奶杯，放入微波炉中加热 30 秒。
2. 取一个茶杯，放入薰衣草糖浆、巧克力酱和可可粉。
3. 将少许牛奶倒入茶杯中，搅拌均匀。
4. 将剩余牛奶用手持电动奶泡器打出奶泡。
5. 将打好的奶泡铺在步骤 3 制作好的饮品上即可。

COOL

洛神花玫瑰拿铁

这款冰拿铁呈现粉红的色泽，十分梦幻。与牛奶混合时，洛神花茶的酸味较容易被分解；而如果用杏仁奶或者椰奶代替，其酸味则较不容易被分解，而且能呈现淡淡的粉色基调。

材料

基底　洛神花茶 1 茶匙（2g），沸水 100ml

配料　杏仁奶 150ml，冰块适量

糖浆　玫瑰糖浆 30ml

装饰　玫瑰花茶适量

步骤

1. 将洛神花茶放入茶壶中，注入沸水，浸泡 5 分钟。

2. 将泡好的洛神花茶用茶漏滤入茶杯中，冷却至常温。

3. 取一个玻璃杯，倒入玫瑰糖浆和杏仁奶，搅拌均匀。

4. 玻璃杯中加满冰块，倒入冷却好的洛神花茶。

5. 撒上玫瑰花茶做装饰。

这是一款非常适合在炎炎夏日饮用的冰沙，只要品尝一口，你的脑海中就会浮现出清凉的度假胜地的景象。薄荷茶搭配芒果和椰子，让这款冰沙的口感层次丰富，味道清爽。

COOL

芒果薄荷椰奶冰沙

材料

基底　薄荷茶 1 茶匙（2g），沸水 80ml
配料　椰奶 100ml，冰块适量
糖浆　芒果泥 30ml
装饰　胡椒薄荷 1 小株

步骤

1. 将薄荷茶放入茶壶中，注入沸水，浸泡 5 分钟。

2. 将泡好的薄荷茶用茶漏滤入茶杯中，冷却至常温。

3. 将芒果泥、椰奶、冷却好的薄荷茶和冰块倒入搅拌机。搅拌至冰块完全碎成冰沙。

4. 取一个玻璃杯，倒入步骤 3 制作好的冰沙。

5. 放上胡椒薄荷做装饰。

洋甘菊奶绿

这是一款以洋甘菊茶和绿茶为基底调制而成的奶绿。洋甘菊气味浓郁，能够弥补绿茶气味单调的缺陷。除了洋甘菊茶之外，还可以使用其他种类的花草茶。

材料

基底　洋甘菊茶 1 茶匙（2g），绿茶粉 1 茶匙（2g），沸水 100ml
配料　牛奶 100ml，冰块适量（制冷茶时使用）
糖浆　原味糖浆 15ml

※ 可用榛子糖浆（做法见第 25 页）代替原味糖浆。

步骤

Cool　1.　将洋甘菊茶放入茶壶中，注入沸水，浸泡 5 分钟。

　　　2.　将泡好的洋甘菊茶用茶漏滤入茶杯中，冷却至常温。

　　　3.　取一个玻璃杯，倒入绿茶粉、原味糖浆和 30ml 牛奶，搅拌均匀。

　　　4.　将剩余牛奶用手持电动奶泡器打出奶泡。

　　　5.　在步骤 3 的杯中加满冰块，依次倒入冷却好的洋甘菊茶和打好的奶泡。

Hot　1.　将洋甘菊茶放入茶壶中，注入沸水，浸泡 5 分钟。

　　　2.　将泡好的洋甘菊茶用茶漏滤入茶杯中，放置一边备用。

　　　3.　将 100ml 牛奶倒入牛奶杯中，放入微波炉中加热 30 秒。

　　　4.　取一个茶杯，倒入绿茶粉、原味糖浆和 30ml 加热好的牛奶，搅拌均匀。

　　　5.　将剩余牛奶用手持电动奶泡器打出奶泡。

　　　6.　将泡好的洋甘菊茶和打好的奶泡依次倒入步骤 4 的杯中。

COOL

路易波士玛奇朵

这是一款以路易波士茶做基底的花草茶奶茶。路易波士茶又被称为南非博士茶，是由生长在南非的豆科灌木植物的叶子干燥后制作而成的。

材料

基底　路易波士茶茶包（史密斯牌蜜桃味）1 个，沸水 200ml

配料　冰块适量

糖浆　原味糖浆 20ml，白砂糖 1 茶匙（5g）

装饰　淡奶油 80ml，路易波士茶茶叶少许

※ 可用香草糖浆（做法见第 22 页）代替原味糖浆。

步骤

1. 将路易波士茶茶包放入茶壶中，注入沸水，浸泡 5 分钟。再将泡好的路易波士茶倒入茶杯中，冷却至常温。

2. 将淡奶油和白砂糖倒入不锈钢盆，打发。

3. 取一个玻璃杯，倒入原味糖浆、冰块、冷却好的路易波士茶，再铺上打发好的淡奶油。最后撒上少许路易波士茶茶叶做装饰。

这是一款由洋甘菊茶和牛奶调制而成的花草茶奶茶，口感顺滑。肉桂、蜂蜜和姜黄粉，给这款茶饮增添了辛香的味道。

HOT

洋甘菊拿铁

材料

基底 　洋甘菊茶 2g，沸水 100ml

配料 　牛奶 100ml

糖浆 　蜂蜜 20ml，姜黄粉 1/2 茶匙（1g），肉桂粉少许

装饰 　洋甘菊茶少许

步骤

1. 将 2g 洋甘菊茶放入茶壶中，注入沸水，浸泡 5 分钟。再将泡好的洋甘菊茶用茶漏滤入茶杯中，放置一边备用。

2. 将牛奶倒入牛奶杯中，放入微波炉中加热 30 秒。再将热好的牛奶用手持电动奶泡器打出奶泡。

3. 取一个玻璃杯，倒入泡好的洋甘菊茶、蜂蜜、姜黄粉和肉桂粉，搅拌均匀。

4. 将奶泡也倒入玻璃杯中，撒上少许洋甘菊茶做装饰。

COOL

蓝莓洛神花奶茶

这是一款用蓝莓、洛神花茶和杏仁奶调制而成的奶茶，呈现柔和的紫色，非常梦幻。这款奶茶的独特之处是颜色分为两层。

材料

基底 洛神花茶茶包（史密斯牌）1 个，沸水 50ml
配料 杏仁奶 150ml，冰块适量
糖浆 原味糖浆 20ml
装饰 冷冻蓝莓 2 茶匙（20g）

※ 可用蓝莓薰衣草糖浆（做法见第 17 页）代替原味糖浆。

步骤

1. 将洛神花茶茶包放入茶壶中，注入沸水，浸泡 5 分钟。

2. 将泡好的洛神花茶倒入茶杯中，冷却至常温。

3. 取一个玻璃杯，放入冷冻蓝莓、原味糖浆和 100ml 杏仁奶，搅拌至液体呈紫色。

4. 将 50ml 杏仁奶、冷却好的洛神花茶和适量冰块倒入雪克壶中，用力摇晃 8~10 秒。

5. 在步骤 3 的杯中加满冰块，再倒入步骤 4 制作好的混合物。

COOL

迷迭香草莓奶昔

古时候的犹太人、希腊人和埃及人将迷迭香视为神圣的药草。今天，我们以迷迭香糖浆做基底，加入草莓泥和香草冰激凌，来制作这款奶昔。

材料

基底　迷迭香糖浆 15ml，草莓泥 15ml
配料　牛奶 100ml
糖浆　香草冰激凌 4 球（220g）
装饰　草莓 1 颗，迷迭香 2 小株

步骤

1. 将除装饰用的草莓和迷迭香以外的全部材料放入搅拌机中，搅拌成黏稠状的奶昔。

2. 取一个玻璃杯，倒入步骤 1 制作好的奶昔。

3. 将装饰用的草莓竖着切一刀，注意不要切断，插在杯沿上做装饰。

4. 将迷迭香插入奶昔中做装饰。

这是一款以薰衣草茶为基底调制而成的花草茶奶茶，散发着浓郁的薰衣草香味。因为薰衣草具有放松身心、镇静催眠的功效，所以这款饮品非常适合在睡前饮用。

HOT

蜂蜜薰衣草奶茶

材料

基底	薰衣草茶 1 茶匙（1g），沸水 100ml
配料	牛奶 250ml
糖浆	蜂蜜 20ml
装饰	薰衣草茶少许

步骤

1. 将薰衣草茶放入茶壶中，注入沸水，浸泡 5 分钟。再将泡好的薰衣草茶用茶漏滤入茶杯中，放置一边备用。

2. 将牛奶倒入牛奶杯，放入微波炉中加热 30 秒。再将热好的牛奶用手持电动奶泡器打出奶泡。

3. 取一个玻璃杯，倒入泡好的薰衣草和蜂蜜，搅拌均匀。

4. 将打好的奶泡也倒入玻璃杯中，撒上少许薰衣草茶做装饰。

薄荷巧克力拿铁

独具魅力的胡椒薄荷茶与香甜的巧克力酱融合在一起，创造出绝妙的滋味。这款薄荷巧克力拿铁既可以做成冷饮，也可以做成热饮，当你感觉到压力很大的时候，可享用一杯，它能够缓解你的焦虑情绪。

材料

基底 胡椒薄荷茶 1 茶匙（2g），沸水 80ml
配料 牛奶 120ml，冰块适量（制冷茶时使用）
糖浆 巧克力酱 30ml，可可粉 2 汤匙（20g）
装饰 可可粉少许

步骤

Cool 1. 将胡椒薄荷茶放入茶壶中，注入沸水，浸泡 5 分钟。

2. 将泡好的胡椒薄荷茶用茶漏滤入茶杯中，冷却至常温。

3. 取一个玻璃杯，倒入巧克力酱、20g 可可粉和 40ml 牛奶，搅拌均匀。

4. 将剩余牛奶用手持电动奶泡器打出奶泡。

5. 步骤 3 的杯中加满冰块，将冷却好的胡椒薄荷茶和打好的奶泡依次倒入杯中。

6. 撒上少许可可粉做装饰。

Hot 1. 将胡椒薄荷茶放入茶壶中，注入沸水，浸泡 5 分钟。

2. 将泡好的胡椒薄荷茶用茶漏滤入茶杯中，放置一边备用。

3. 将牛奶倒入牛奶杯，放入微波炉中加热 30 秒。

4. 取一个玻璃杯，倒入巧克力酱、20g 可可粉和 40ml 热好的牛奶，搅拌均匀。

5. 将剩余牛奶用手持电动奶泡器打出奶泡。

6. 将泡好的胡椒薄荷茶和打好的奶泡依次倒入步骤4的杯中。

7. 撒上少许可可粉做装饰。

COOL 玫瑰果洛神花柠檬冰茶

用由玫瑰果和洛神花混合制成的花草茶做基底，再加入柠檬汁，就调制成了这款柠檬冰茶。它的颜色层次分明，令人惊艳。玫瑰果是一种野生玫瑰结出的果实，与洛神花搭配，可谓天作之合。

材料

基底　玫瑰果洛神花茶（迪尔玛牌）1 茶匙（2g），沸水 80ml
配料　雪碧 1 瓶（250ml），冰块适量
糖浆　原味糖浆 30ml，柠檬汁 20ml
装饰　柠檬片 1 片

步骤

1. 将玫瑰果洛神花茶放入茶壶中，注入沸水，浸泡 5 分钟。
2. 将泡好的玫瑰果洛神花茶用茶漏滤入茶杯中，冷却至常温。
3. 取一个玻璃杯，倒入原味糖浆和柠檬汁。
4. 步骤 3 的杯中放满冰块，倒入雪碧，至玻璃杯的 2/3 处。
5. 将冷却好的玫瑰果洛神花茶倒入玻璃杯中。
6. 放入柠檬片做装饰。

COOL

柚子柠檬草
气泡茶

这款气泡茶使用了新鲜柠檬草代替干柠檬草做基底，因此香气十分浓郁。用柚子清做糖浆，效果非常好，其清新酸甜的香气和柠檬草的柠檬香气非常配。

材料

基底　新鲜柠檬草 1 根
配料　雪碧 1 瓶（250ml），冰块适量
糖浆　柚子清 30ml
装饰　新鲜柠檬草 1 根

步骤

1. 将 1 根柠檬草三等分。

2. 取一个玻璃杯，倒入柚子清和三等分的柠檬草，用捣棒碾碎。

3. 玻璃杯中加满冰块，再倒入 125ml 雪碧，搅拌均匀。

4. 倒入剩余雪碧，直至倒满。

5. 在杯中放入 1 根柠檬草做装饰。

这款用胡椒薄荷搭配奇异果制成的气泡茶，口感不同于传统的气泡茶。它的最大亮点是奇异果的加入，让这款茶饮的口感更为清爽。

COOL

奇异果薄荷气泡茶

材料

基底 胡椒薄荷茶 1 茶匙（2g），沸水 80ml

配料 气泡水 1 瓶（500ml），冰块适量

装饰 奇异果片 5 片，圆叶薄荷 7 片

步骤

1. 将胡椒薄荷茶放入茶壶中，注入沸水，浸泡 5 分钟。

2. 将泡好的胡椒薄荷茶用茶漏滤入茶杯中，冷却至常温。

3. 取一个玻璃杯，将冷却好的胡椒薄荷茶倒入杯中，再放满冰块。

4. 将奇异果片和圆叶薄荷放入杯中。

5. 将气泡水倒入杯中，直至倒满。

COOL 洋甘菊莫吉托

这是一款用洋甘菊茶做基底调制而成的莫吉托。莫吉托是古巴著名的鸡尾酒，用朗姆酒、青柠、白砂糖、薄荷和气泡水调制而成。在这里，我们尝试用洋甘菊茶代替朗姆酒，制成了这款无酒精版本的莫吉托。

材料

基底 洋甘菊茶 1 茶匙（2g），沸水 80ml，青柠 1/2 个，圆叶薄荷 7~8 片

配料 气泡水 1 瓶（500ml），冰块适量

糖浆 原味糖浆 20ml

装饰 青柠片 1 片

步骤

1. 将洋甘菊茶放入茶壶中，注入沸水，浸泡 5 分钟。

2. 将泡好的洋甘菊茶用茶漏滤入茶杯中，冷却至常温。

3. 取一个玻璃杯，将青柠四等分后放入玻璃杯中，再放入原味糖浆和圆叶薄荷，用捣棒碾碎。

4. 将冷却好的洋甘菊茶也倒入玻璃杯中。

5. 在玻璃杯中加满冰块，倒入气泡水，直至倒满。

6. 在青柠片上切一刀，但不要切断，然后插在杯沿上做装饰。

COOL

青柠洛神花冰茶

这是一款用洛神花、青柠和生姜糖浆调制而成的冰茶，装饰用的青柠可以弱化生姜辛辣的味道。

材料

基底 洛神花茶 1 茶匙（2g），沸水 80ml

配料 气泡水 1 瓶（500ml），冰块适量

糖浆 生姜糖浆 15ml，柠檬汁 5ml

装饰 青柠片 1 片

步骤

1. 将洛神花茶放入茶壶中，注入沸水，浸泡 5 分钟。再将泡好的洛神花茶用茶漏滤入茶杯中，冷却至常温。

2. 取一个玻璃杯，将生姜糖浆、柠檬汁和冷却好的洛神花茶倒入杯中，搅拌均匀。

3. 玻璃杯中加满冰块，再倒入气泡水，直至倒满。

4. 在青柠片上切一刀，但不要切断，然后插在杯沿上做装饰。

百里香的香味浓烈，与苹果清新的香气非常搭。二者相配可创造出一种清爽的气味。这款茶饮同时有着酸甜的味道和清爽的香气。

COOL

苹果百里香冰茶

材料

基底　百里香茶 1 茶匙（2g），沸水
　　　80ml

配料　苹果汁 30ml，气泡水 1 瓶（500ml），
　　　冰块适量

糖浆　原味糖浆 15ml

装饰　苹果片 1 片，新鲜百里香 4 小株

※ 可用苹果糖浆（做法见第 16 页）代替原味糖浆。

步骤

1. 将百里香茶放入茶壶中，注入沸水，浸泡 5 分钟。

2. 将泡好的百里香茶用茶漏滤入茶杯中，冷却至常温。

3. 取一个玻璃杯，倒入原味糖浆和苹果汁，搅拌均匀。再倒入冷却好的百里香茶，加满冰块。最后倒入气泡水，直至倒满。

4. 将苹果片贴着杯壁放入杯中，再插入新鲜百里香做装饰。

COOL

莓果薄荷气泡茶

这是一款用胡椒薄荷茶搭配蓝莓清调制而成的茶饮。蓝莓清的加人，可以为茶饮提味。这款茶饮的口感层次丰富，品尝时，口中先感受到满满的蓝莓香气，随后涌上来的是胡椒薄荷的清凉味。

材料

基底 胡椒薄荷茶 1 茶匙（2g），沸水 100ml
配料 雪碧 1 瓶（250ml），冰块适量
糖浆 蓝莓清 20ml
装饰 蓝莓 8 颗，圆叶薄荷 1 小株

※ 可用黑加仑糖浆（做法见第 19 页）代替蓝莓清。

步骤

1. 将胡椒薄荷茶放入茶壶中，注入沸水，浸泡 5 分钟。

2. 将泡好的胡椒薄荷茶用茶漏滤入茶杯中，冷却至常温。

3. 取一个玻璃杯，将蓝莓清倒入杯中，放满冰块。再将冷却好的胡椒薄荷茶和蓝莓倒入玻璃杯中。

4. 在玻璃杯中倒入雪碧，直至倒满，再放上圆叶薄荷做装饰。

洋甘菊的花香和橙汁的香气融合得恰到好处。这款茶饮所使用的材料虽然简单，但将它们搭配在一起，可以调制出清新的口感。此外，还可以尝试换用其他花草茶做基底。

材料

COOL

洋甘菊橙子冰茶

基底 洋甘菊茶 1 茶匙（2g），沸水 80ml
配料 100% 纯橙汁 40ml，气泡水 1 瓶
　　　（500ml），冰块适量
糖浆 原味糖浆 15ml
装饰 橙子片 1 片，圆叶薄荷 1 小株

步骤

1. 将洋甘菊茶放入茶壶中，注入沸水，浸泡 5 分钟。

2. 将泡好的洋甘菊茶用茶漏滤入茶杯中，冷却至常温。

3. 取一个玻璃杯，倒入原味糖浆和橙汁，搅拌均匀。再将冷却好的洋甘菊茶倒入杯中，加满冰块。

4. 将气泡水倒入玻璃杯中，直至倒满。放入橙子片和圆叶薄荷做装饰。

COOL

薰衣草薄荷冰茶

这是一款用胡椒薄荷搭配薰衣草糖浆和苹果汁调制而成的花草冰茶。品尝后，胡椒薄荷浓烈的香气会先在口中绽放，紧接着是淡淡的薰衣草和苹果香。

材料

基底 胡椒薄荷茶 1 茶匙（2g），沸水 80ml

配料 苹果汁 30ml，气泡水1瓶（500ml），冰块适量

糖浆 薰衣草糖浆 15ml

装饰 新鲜胡椒薄荷 1 小株

步骤

1. 将胡椒薄荷茶放入茶壶中，注入沸水，浸泡 5 分钟。

2. 将泡好的胡椒薄荷茶用茶漏滤入茶杯中，冷却至常温。

3. 取一个玻璃杯，倒入薰衣草糖浆、苹果汁和冷却好的胡椒薄荷茶，搅拌均匀。

4. 玻璃杯中加满冰块，倒入气泡水，直至倒满。

5. 将新鲜胡椒薄荷放入杯中做装饰。

这是一款散发着柠檬和香草香气的冰茶。甜甜的香草糖浆和酸甜的柠檬清的加入，让这款饮品的味道变得十分丰富。

材料

基底　柠檬草茶 1 茶匙（2g），沸水
　　　80ml
配料　气泡水 1 瓶（500ml），冰块适量
糖浆　香草糖浆 10ml，柠檬清 20ml
装饰　柠檬片 1 片

步骤

1. 将柠檬草茶放入茶壶中，注入沸水，浸泡 5 分钟。

2. 将泡好的柠檬草茶用茶漏滤入茶杯中，冷却至常温。

3. 取一个玻璃杯，依次倒入香草糖浆、柠檬清和冷却好的柠檬草茶，搅拌均匀。

4. 玻璃杯中加满冰块，倒入气泡水，直至倒满。

5. 将柠檬片插入杯中做装饰。

COOL
柠檬草香草冰茶

史密斯

馥颂

TWG 特威茶

福特纳姆梅森

库斯米茶

KAMA CHAI SUTRA

特瓦伦

玛黑兄弟

迪尔玛

SMITH
No.13
RED NECTAR

史密斯

ANGELINA

安吉丽娜

DAMMANN
FRÈRES
11
PAUL & VIRGINIE

达曼

TWININGS
Earl Grey
Tea

川宁

FORTNUM & MASON

福特纳姆梅森

HAPPY
TEA

玛黑兄弟

SMITH
No.24

史密斯

茶的品牌
TEA BRAND

安吉丽娜 （Angelina）

安吉丽娜其实是法国巴黎一家著名的茶餐厅的名字。该茶餐厅 1903 年由奥地利甜点师安托万·伦佩迈尔创立，因出售种类繁多的甜点和红茶而闻名，这家餐厅的热巧克力和甜点蒙布朗具有超高人气。

代表茶：N°226 巧克力熏香茶、蒙布朗熏香茶。

达曼 （Damman Freres）

1925 年由达曼兄弟创立的法国茶品牌，因其 1950 年上市的伯爵银针、蓝色庭院等而闻名。该品牌主要出售由红茶、白茶、乌龙茶、花草茶等拼配在一起的茶品。

代表茶：伯爵银针、蓝色庭院、保尔薇吉妮、蜜糖苹果。

迪尔玛 （Dilmah）

斯里兰卡具有代表性的茶品牌，1974 年创立，之后得到澳洲的资本投资，逐渐发展现在的规模。它是世界上第六大茶品牌，产品大部分都是以锡兰红茶为基础制成的。现在，迪尔玛的产品更加丰富，还开发出了以绿茶为基础的茶包。

代表茶：玫瑰香草味锡兰红茶、伯爵红茶、苹果味红茶、英式早餐红茶。

馥颂 （Fauchon）

馥颂是巴黎一家具有代表性的食品店的名字，该食品店 1886 年成立，专售各种各样的甜品、饮料、果酱和酒等。同时，该店也出售茶叶。馥颂因出售稀缺的高级食材而逐渐闻名。

代表茶：荔枝玫瑰花茶、巴黎午后、苹果茶、鸳鸯茶。

福特纳姆梅森 （Fortnum&Mason）

1707 年开始进军食品市场，如今已发展成为英国一家具有代表性的百货商店。随着规模的扩大，

福特纳姆梅森由最开始仅售卖红茶，到现在被称为"茶叶品牌的模范"，让人不得不惊叹其拼配出的茶居然可以有这样的味道。

代表茶：皇家特调、玫瑰包种红茶、安妮女王、钻喜红茶。

哈尼·桑尔丝 （Harney&Sons）

1983 年创立，是美国最具代表性的茶品牌之一。该公司是一家由创始人约翰哈尼和他的儿子们共同运营的家族企业。虽然历史不长，但其生产的茶种类较多，拼配组合也较为特别，所以该品牌的产品几乎人人都喜欢。

代表茶：皇家婚礼白茶、桂红甘露、浪漫巴黎茶、巧克力薄荷茶等。

哈洛德 （Harrods）

哈洛德是英国最负盛名的高级百货商店，也售卖自己生产的茶——将几种茶拼配后再在包装盒上贴上数字。其中以 No.14 经典英式早餐茶和 No.49 调味茶最为有名。与调味红茶相比，其特征在于它是将各种单一产地红茶拼配在一起制作而成的，有着多种味道和香气。

代表茶：No.14 经典英式早餐茶、No.49 经典伯爵红茶。

K

库斯米茶 （Kusmi Tea）

是 1867 年在俄罗斯成立的茶品牌。1917 年，该品牌转移到了法国巴黎，延续到现在。和欧洲品牌茶叶的感性风格不同，该品牌的茶散发着俄罗斯式的浓烈味道，主要产品有红茶、绿茶、俄罗斯混合茶和花草茶等。

代表茶：迪多思马黛茶、清凉茶、圣彼得堡茶、安娜斯塔西娅茶、弗拉基米尔王子茶。

立顿 （Lipton）

1980 年，立顿第一次出售红茶。立顿是最早生产茶包的品牌，如今成为全球销量第一的茶品牌。现在，立顿属于跨国企业联合利华的子公司。

代表茶：立顿黄牌精选红茶、立顿柠檬红茶。

玛黑兄弟 （Mariage Freres）

1854 年，由玛黑兄弟创立，是法国最具代表性的茶品牌。法国发达的制香技术能让世界上各种不同种类的茶很好地融合在一起，制造出拥有多种香气的茶。这些香气是在其他国家的茶产品中感受不到的。

代表茶：马可波罗红茶、皇家婚礼红茶、爱神厄洛斯洛神花红茶、卡萨布兰卡绿茶、波丽露红茶、圣诞红茶。

曼斯纳 （Mlesna）

1983 年创立，是斯里兰卡的著名茶品牌之一，主要售卖锡兰红茶、单一产地红茶和调味红茶。斯里兰卡地区出产的单一产地红茶，味道浓厚，适合细细品味，特别适合初学茶道的人品味。

代表茶：卢尔康德拉庄园红茶、僧侣红茶、枫叶红茶、冰酒味红茶、乌瓦红茶。

罗纳菲特 （Ronnefeldt）

1823 年创立，是德国最具代表性的茶品牌之一。其产品是用高品质的茶叶和材料制造出的，多用于星级酒店和西餐厅。罗纳菲特不仅生产茶叶，还生产出售与茶相关的茶具、茶叶糖等。

代表茶：柠檬天空茶、乌龙茶、爱尔兰奶油威士忌红茶、冬梦茶。

日诗茶 （Rishi—tea）

1997 年成立，是美国具有代表性的茶品牌之一。

该公司主要生产的是用多种茶和芳香植物制成的新式茶产品。由于该品牌的茶是在有机与公平贸易的基础上生产的，所以茶的品质相当优质。

代表茶：香草薄荷茶、夏日柠檬茶、热带红茶、蜜桃白茶。

史密斯制茶 （Steven Smith Teamaker）

2009 年在美国俄勒冈州波特兰创立的茶品牌。该公司生产的茶主要是用红茶、绿茶、白茶和花草茶拼配制成。该品牌的茶产品均选用优质的茶叶制成，所以只能少量生产，无法大规模量产。在茶产品上注明生产日期，也是该品牌茶的另一特点。

川宁 （Twinings）

世界上历史最悠久的英国茶品牌之一，1706 年由托马斯·川宁创立。川宁因其生产的伯爵红茶而举世闻名，同时它也是给英国皇室提供茶叶的品牌。该品牌的茶产品主要以红茶为主。

代表茶：仕女伯爵红茶、豪门伯爵红茶、英式早餐红茶、威尔士王子红茶。

特威茶 （TWG）

2008 年创立的新加坡茶品牌。该公司有独家合作的茶园，只采摘有机栽培的茶。所以，特威茶也因高品质而出名。该品牌主要生产单一产地茶、混合茶和调味红茶，主要以红茶为主。

代表茶：皇家婚礼红茶、伯爵早餐红茶、1837 红茶、派对茶。

特瓦伦 （Tavalon）

2005 年在美国纽约创立的茶品牌，其宣传语是"茶的未来"。与坚守传统文化的其他茶品牌不同，特瓦伦主要生产创新的茶产品。除了红茶、白茶、乌龙茶、花草茶等外，该品牌也出售以茶为基底的饮料、食醋、化妆品等。

代表茶：大白精选白茶、纽约早餐红茶、东方美人、玄米茶、蜜桃乌龙。